敦子的食堂

佐藤敦子—著

目次

作者序　從東京到台北，被食物包圍的生活……4
季節的新味……8
說到法式甜點指的是烤甜點?!……16
關於甜味……22
斷捨離……28
調味的順序……32
淺野屋麵包教室……38
購物的地方……44
狗狗的食品店……52
料理攝影大會……58
我喜愛的廚房用具……64
我愛用的鑄鐵鍋……70
夏日風情畫……76
消暑的冷泡綠茶……80
蔬菜也能做甜點嗎？……84
無法成形的食譜書……90
有機蔬菜……92
簡單環保生活……98
日本與台灣小吃攤大不同……104

● 以甜為名的番茄……108
● 秋天的味覺……114
● 生日吃「割包」慶祝……118
● 逛台灣的市場……120
● 新大久保韓國街……126
● 麵包教室「vivant」……130
● 和餐廳打交道的方法……134
● 婚禮的祝福……138
● 黑豆認養制度……144
● 冬日盛事……148
● 重要的朋友……154
● 台灣的甜點……164
● 味噌湯和醬菜……168
● 我喜歡的台北……174
● 在4F的第一堂課……178
● 4F的料理課─茄子料理……184
● 4F的料理課─蝦料理……198
● 4F的料理課─雞肉料理……208
寫在最後……220

作者序

從東京到台北，被食物包圍的生活

我有一位很愛做菜的母親，連甜點都是自己做。

小時候肚子餓就會很不開心，結果每當我不高興時，母親總是說：「給敦子吃點東西吧！」

因為很愛吃又很有研究精神，我自己也嘗試做甜點。

也因為太愛吃，高中時開始發胖。雖然再三嘗試減肥，總是失敗收場。

後來因為媽媽朋友的介紹，而想去當雜誌模特兒，終於減肥成功。

第一次接到的工作是「甜點的廣告」，接到這個工作的原因是，工作人員覺得我「吃的方式真的是太棒了！看了讓人覺得好好吃喔」。

但是，「不吃東西的減肥方式」把身體弄壞了。後來改以蔬菜為主的均衡飲食，身體才恢復健康。我也至此才明白飲食的重要性。

因為很嚮往法國甜點，於是到藍帶廚藝學校東京分校上課。

為了能去藍帶上課，我甚至換了一個上班時間較自由的工作。

在藍帶上課期間，每天過著早上起床做蛋糕，然後去工作，回家後做蛋糕到半夜的生活。和朋友的話題總是圍繞在「哪裡的蛋糕很好吃」。父母認為「這女兒嫁不出去了」，於是就不管我了。當時我的口頭禪是「男人會背叛，但甜點只要分量和溫度正確就不會背叛。」

只會做甜點，沒有辦法做出很多變化，於是也開始想學料理，正打算「辭掉工作去法國留學」時，和現在的先生相遇了。

還記得，約會時因為吃到太難吃的蛋糕結果哭了起來，老公看了傻眼：「我第一次看到吃到難吃的食物會流淚的人。你到底對食物有多執著啊！」

決定結婚時，我對老公說出真心話，「我想去留學。」他對我說：「要學料理至少在國內學吧！」於是我去了服部營養專門學校上課，學習食物的基本知識。

畢業時我又對老公說：「我還是很想去留學。」老公回答：「法國物價太高了，你還是放棄吧！」於是我說：「不然去越南好了，越南以前是法國的領地。」於是我到越南學了三個月的料理。

因為跟著老公到台北出差，在台北結交了好友Joanne。我對她說：「台灣真好，食物又美味，我想常來台灣，有工作可以介紹給我嗎？」於是她介紹我到4F料理生活家，二〇〇九年開始厚臉皮的在台灣的4F料理生活家開了日本料理課。只要一有時間便飛到台北。

現在，我在東京自家主持料理教室，開發菜單，過著被食物包圍的生活。
最近迷上了手作麵包，開始到天然酵母麵包教室和知名的麵包教室學做麵包。
另外，我還「祕密」計畫學習「台灣料理」和「台灣茶」。

除了甜點、料理和麵包，我熱愛的還有一隻小狗汀卡，我也想讓她吃好吃的食物，所以開始自己動手做小狗的點心和餐點。

這是我在台灣出版的第一本書，用喜歡料理和美食的心情，寫下關於我在日本和台灣的飲食與生活。

4F料理生活家提供

季節的新味

在日本，當春天來臨時，會有一堆標榜「新」字的食物現身。「新洋蔥」、「新高麗菜」、「新茶」、「新馬鈴薯」、「新牛蒡」，這些食材的「品種」跟之前的沒什麼不同（不過新洋蔥也可能是指全新的品種），之所以加上「新」字，是因為初春收成的蔬菜、茶都很新鮮、柔嫩的關係！

難得有客人來的時候，就會選用這些新的蔬菜來招待客人。在日本，新洋蔥只有在四月上旬才有，皮也是白的，呈扁平狀；鮮嫩多汁，適合生吃。

新洋蔥做的沙拉帶點越南風味。

我曾到越南學料理，所以一邊回想著當時的味道，一邊試做這道菜。

越南料理主要是靠糖、越南魚露、醋或萊姆的比例和辣椒、蒜、薑來調味。剛開始，會覺得越南魚露的氣味「有點腥」但習慣後會讓人上癮！其實很適合用在日本料理中增加風味！這道沙拉也可以用普通的洋蔥來做，但還是用「新洋蔥」會比較美味，因為新洋蔥真的好甜喔！

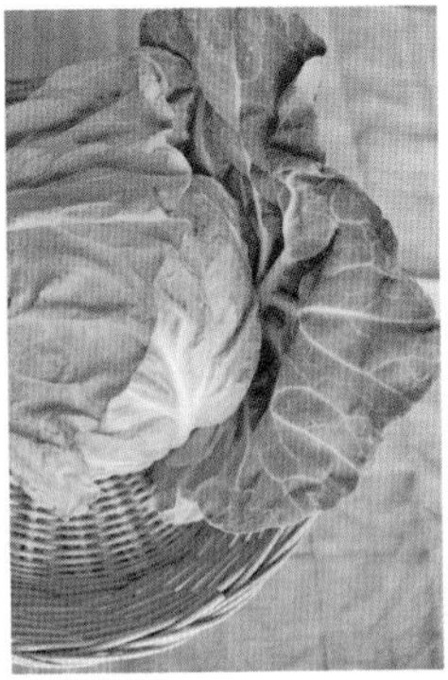

香菜是呈現「越南風味」的重點食材，在越南有時甚至會出現一整碗的香菜（笑）。越南人甚至跟我說：「多吃香菜可以改善體味，也不容易被蚊子叮喔。」是真的嗎？（笑）比起不容易被蚊子叮，香菜倒是有幫助消化和殺菌的作用，吃太飽時有助消化，或是可以和生魚一起吃。

另一道菜是炸新高麗菜捲。

「新高麗菜」也是只有春天才有的蔬菜。菜葉鬆散、柔嫩，水分多，也適合生吃。但是每一道都做成沙拉太無趣了，所以這道菜是用薄豬肉片捲起後再油炸。

這道菜分量看起來不少，但因為中間是包高麗菜，熱量不會很高。高麗菜有健胃作用，所以吃油脂高的食物時，高麗菜是很好的搭配！

今天的客人是女生，所以我嘗試做「雖然是炸的食物，但沒有什麼油膩感」的料理。配啤酒也很適合喔！

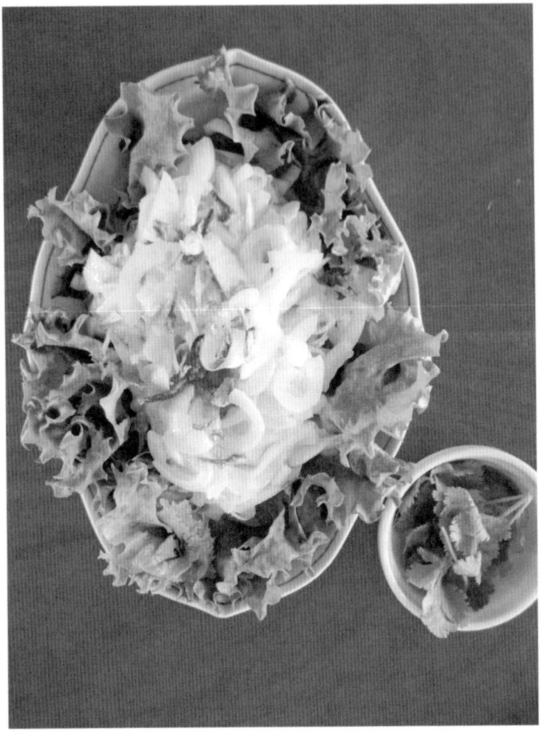

越南風洋蔥沙拉

材料｜4人份

新洋蔥……1顆

醋 ……3大匙

檸檬汁……1大匙

砂糖……2大匙

越南魚露……1.5大匙

皺葉萵苣（frill lettuce）或沙拉用生菜……適量

香菜（coriander）……適量

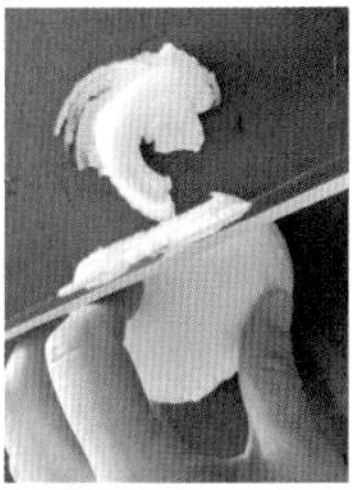

作法｜

① 沿著洋蔥纖維的垂直方向切成薄片。

② 將醋、檸檬汁、砂糖、越南魚露混合，加入①的洋蔥拌勻（浸泡至入味）備用。

③ 將生菜鋪在盤子上，放上②的材料，灑上炸洋蔥碎片。

④ 依喜好灑上切碎的香菜點綴即成。

★也可以適量加鹽和胡椒調味。

★洋蔥約200克左右。如果洋蔥比較小顆，請自行減少調味料的量，或是增加洋蔥的量。

★喜歡辣味的人，也可以灑上辣椒粉。

★醋、檸檬汁、砂糖份量，可按個人喜好調整比例。

●炸新高麗菜捲

材料｜4人份

新高麗菜葉……3~4片

薄豬肉片（脂肪少的部分）……8片（寬幅不夠的話可用16片）

鹽……適量

胡椒……適量

麵粉……適量

蛋汁……適量

麵包粉……適量

炸油……適量

[蜂蜜芥茉醬]

顆粒黃芥茉醬……2大匙

蜂蜜……1大匙

檸檬汁……1小匙

美乃滋……1小匙

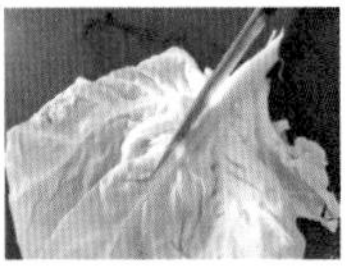

作法｜

① 把高麗菜梗硬的部分切除，切成約5公分寬，容易包捲的大小。

② 豬肉（寬幅不夠的話，兩片直放並排）灑上鹽、胡椒後放上①的高麗菜葉，從頭開始捲成圓筒狀。

③ 按順序沾麵粉、蛋汁、麵包粉，放入攝氏170度的油裡炸至金黃色。

④ 製作[蜂蜜芥茉醬]，將所有材料混合均勻。吃時沾上醬汁食用即可。

★不是新高麗菜季節時，只要將高麗菜微波加熱一下使其變軟，即可做出相同的料理。

★可以改包洋蔥、紅蘿蔔、起司來做；也可以沾番茄醬或其他醬汁食用。

說到法式甜點
指的是烤甜點?!

第一次去法國時（算一算已經是二十年前的事了，自己都嚇了一跳），我在心裡盤算著「去法國一定要吃一堆蛋糕！鬆軟的海綿，還有濃醇滑順的鮮奶油，一定要大塊朵頤法國蛋糕！」我懷著興奮的心情來到蛋糕店。

但是一看展示台的蛋糕，裡面沒有我想像的「蛋糕」，而是一堆不起眼，看起來很硬（抱歉！）的蛋糕。我不知道現在法國蛋糕店的櫥窗有沒有改變，這是我那時候的印象。

後來我才知道，我想像的「膨鬆柔軟」口感的蛋糕，可說是「日式法國蛋糕」，真正的法國甜點是經長時間烘烤、味道濃郁，且有嚼勁的硬式蛋糕。

鮮奶油是當時蛋糕的主流，主要是卡士達奶油（crème pattisier）和鮮奶油（crème shantie）。

在法國，雖然有卡士達奶油，但比起鮮奶油，更普遍的是一般的奶油（crème buir）。

鮮奶油的一大半是奶油，味道實在太濃又太沉重了（苦笑）。

因此，我看了櫥窗後很失望，但「沒吃過就說不喜歡」也太說不過去了，所以

45° CENT QUATRE VINGTS
http://www.45cqv.com/shop

點了一份塔（tarte）。我心想，「是咖啡色的，上面也沒有水果耶！」一口咬下去，「耶？好脆。而且奶油好香喔！」

現在，日本有很多甜點師傅去法國學藝，在日本也可以輕易買到正統的法國甜點，我每次去買蛋糕，一定會買塔。

後來我在東京發現了賣好吃派塔的蛋糕店——45° CENT QUATRE VINGTS。其實是美食家的好友帶我去的店。沒錯，「想吃好吃的東西，最好是結交許多喜好美食的朋友」這是不變的定律。

這家店的派塔烤得很香又脆。

我想起在東京藍帶學做甜點時，老師說過：「為了保存所以放很多糖，為了讓糖不會覺得太甜，所以放很多酒（酒會讓甜味變淡），再經長時間烘烤（烤後的香味和苦味也會讓甜味變淡，平衡甜味，讓蛋糕更加美味）。」原來如此，這裡確實是真正的法國甜點專門店。

一般店裡大多是賣甜的派塔，比較少有鹹派，加上我第一次做派塔是做鹹的，而非甜的，因此在這裡也教大家做法式鹹派。

店裡的裝飾很可愛，也別有一番風味，來東京時可以到此嘗嘗甜點。
但是，這裡是法國式的味道（很甜），沒辦法接受太甜味道的人請注意了。

法式鹹派

材料｜直徑21公分的圓派1個份

[派皮]

奶油……75 g

低筋麵粉……75 g

高筋麵粉……75 g

蛋……1個

水……1大匙

砂糖……1小匙

鹽……1/2小匙

[內餡]

奶油……約1大匙

波菜……1/4把（約60g）

培根……100 g

洋蔥……1/4個（約70g）

[白醬]

低筋麵粉……1/2大匙

蛋……1個

牛奶……60c.c.

鮮奶油……150c.c.

鹽、胡椒……適量

肉豆蔻……適量

起司（Gruyère。或其他可溶的起司）……60~80g

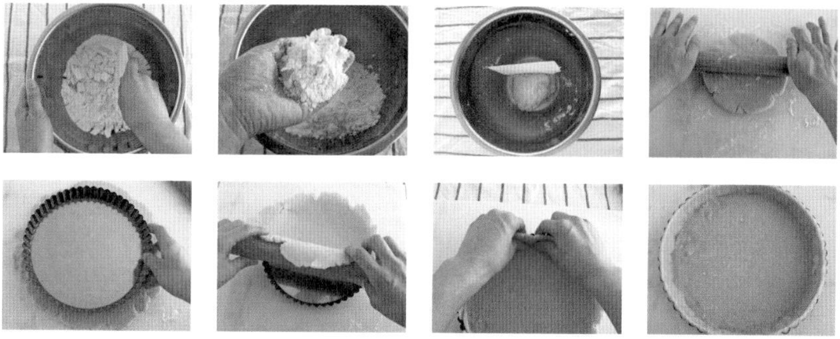

作法｜

① 製作[派皮]。事先將奶油切成1公分方塊放在冰箱冷藏1小時以上（最好可以冰一晚）。將粉類混合過篩。

② 將麵粉和奶油放入攪拌盆裡，以麵刀切碎。

③ 待奶油和麵粉混合後，用手將麵粉和奶油疊合，至呈小顆粒狀。

④ 將蛋黃和水混合，加入砂糖和鹽，待其溶化後倒入作法③，用手搓揉至麵糰成形。揉成圓形後放入冷藏發酵2小時以上。

⑤ 將麵糰填入烤盤，放入攝氏200度烤箱內，放入烘焙用金屬豆烤15分鐘，取出金屬豆後再烤5分。

⑥ 準備[內餡]。將菠菜切成3~4公分段。加鹽、胡椒調味，用焦奶油炒。

⑦ 小火慢煎培根至油脂釋出，取出培根後，用釋出的油炒洋蔥至呈透明狀。

⑧ 準備[白醬]。將低筋麵粉放入攪拌盆，少量分次（一次全部加的話會產生結塊的現象）加入蛋汁（整顆蛋和蛋黃混合）混合，攪拌均勻後再放入牛奶和鮮奶油，接著加鹽、胡椒、肉豆蔻再攪拌。最後加入Gruyère起司。

⑨ 將炒過的菠菜、洋蔥、培根放入烤好的派皮，再把加了起司的作法⑧倒入。

⑩ 以攝氏180度的烤箱約烤30分鐘，烤至呈現美味的焦黃色即可。

★為了讓派皮的口感酥脆，在此用蛋黃和水來做，但不太容易成型（放入模型時，麵糰容易破）。初學者可以改用整顆蛋加水來做，會比較容易。

關於甜味

第一次到台灣教課時，我發現「沒有普通的糖」。

在日本，「普通的糖」指的是「上白糖」，是感覺有點溼黏的糖。台灣普通的糖指的是「白砂糖」，是顆粒分明的糖。

不同之處在於：

白砂糖——蔗糖佔百分之九九．九五，是純度最高的砂糖。顆粒分明，甜味裡沒有雜味。

上白糖——蔗糖率百分之九七．八，因為含轉化糖所以有點溼黏。甜味裡有香醇感，加熱時比白砂糖容易變成焦糖。

我做甜點時也會選用白砂糖，在法國一般的糖也是指白砂糖。

學生曾問過我，為什麼法國的甜點很甜呢？

原因其實很多。

首先，從歷史的角度來看，甜點在以前是貴族的專利。而且糖的價格很高。「這麼高級的砂糖，我放了這麼多喔！」可說是富豪的象徵。

以科學的角度來看，糖不只是有甜味，也有保存水分和味道的作用，所以單純減少糖的量，會讓甜點變得乾乾的。另外糖有助於保存甜點，多放糖能讓甜點不容易腐壞。

照片裡是各種的砂糖。根據不同料理或甜點食譜，可以使用不同的糖。

從飲食文化的角度來看，日本料理或是台灣料理也經常加糖。但是法國料理不使用糖。因此，對於正餐已攝取了某種程度的糖的我們來說，飯後不太會想吃甜的東西。

因此，「法國的甜點很甜」是有許多原因的。

但是，「日本的和菓子好甜喔」！

這是因為和菓子原本是搭配很苦的茶一起吃的。（以前在4F上課時竟然有學生知道！我很吃驚）。再者，除了味道外，視覺的鑑賞（看起來很美）也很重要喔！

因此，和菓子在每個季節都有不同的樣子（味道則沒有什麼很大的改變）。

現在去吃日本料理時，套餐的最後通常會附甜點，以前附的多是水菓子（水果）。不是為了飯後想吃甜食才有的甜點。

聽說有家法國甜點屋在台北開張時，對於「甜度」一事可是吃盡了苦頭。太甜賣不出去，但是如果不放足夠的糖，甜點會變得乾乾的，只能保存一天，或是會變形，店家因而十分的苦惱。

甜度這麼單純的一件事，也會因為國情而大異其趣呢！

對了，我每次去台灣都會買一堆黑糖帶回日本。因為日本的黑糖很貴。

黑糖有很多好處，首先是黑糖含有礦物質。而且味道較濃郁，加在咖啡裡也很好喝；或是用來做滷菜，甘甜又香醇，糖的用量也比純白的砂糖少，既經濟又健康。

我還會用台灣的黑糖做黑糖蜜，淋在寒天上吃喔！

這是位於鎌倉的「蕉雨庵」的和菓子。
這家店是我在藍帶學校認識的朋友的友人所開。他們會依不同季節製作手工甜點，嚐起來不會很甜。

蕉雨庵
地址：神奈川縣鎌倉市雪之下3-4-6
電話：0167-22-8300
營業時間：11：00~17：00（週二、三休）

●豆子寒天

材料｜4~5人份
紅豌豆……100g
寒天粉……4g（容易煮的量）
水……400c.c.
鹽……1/2~1小匙

[黑糖蜜]（容易做的量）
台灣黑糖（brown sugar）……100g
水……100c.c.

作法｜

① 先煮豆子。將紅豌豆以3倍的水浸泡一晚。
② 將①加熱至沸騰，把水倒掉。
③ 將②放入鍋裡，再加入3倍的水及鹽，再次加熱。
④ 待③沸騰後，以豆子不會跳動的文火煮40~45分鐘。
⑤ 煮好後，讓它自然冷卻。
⑥ 接著做寒天。將寒天粉和水放入鍋內，攪拌至寒天粉完全溶化，然後加熱。
⑦ 待⑥沸騰後，轉文火，維持煮沸的狀態約1分鐘。
⑧ 熄火後，放入模型裡，待其冷卻凝固。
⑨ 凝固後，切成1公分大小的方塊。
⑩ [製作黑糖蜜]。將水和黑糖放入鍋裡加熱，沸騰後把泡沫殘渣撈掉，煮至喜歡的濃稠度。
⑪ 將寒天和豆子盛入碗內，配上黑糖蜜，一塊食用即可。

★在日本可以買到煮好的豆子。如果台灣也買得到的話，可以用現成的豆子代替。豆子如果太多吃不完可以冷凍保存。因此，多煮一點可下次再用，很方便。

★也可以加自己喜歡的水果。但傳統的豆子寒天味道單純，只有豆子、寒天和黑糖蜜而已。

斷捨離

這是我家的食品、餐具間，說好聽點就是「儲藏室」。
原本是衣帽間，因為我沒有那麼多衣服，就將它改成儲藏室。

這是調味料架子上的木籃，和用來放環保袋的帆布袋。
整理乾淨，放了籃子，加上布巾，看來很時尚吧！

我不太關心流行。對於自己沒興趣的事，我實在懶得去管，所以時常連現在流行什麼都不知道，就這麼過日子。

「斷捨離」這個詞好像是一、二年前開始流行的，出現在各式各樣的雜誌中。是什麼意思呢？簡單來說就是捨棄自己在物質上和精神上不必要的東西，追求更簡單舒適的生活。

對我來說，這根本是不可能的事。

「因為，甜點的模型，一個怎麼夠？瑪格麗特小花和小圓形看起來很像，但完全不同啊……」

「看到新的廚具會想用看看。」

「罕見的國外調味料，雖然不知道用法，總是想試看看……」

這是我的真心話。

但是，不久前我家養了狗。是一隻拉不拉多和黃金獵犬的混種。這隻二十公斤左右的成犬，跟她有關的東西都很佔位置（笑），而且毛會亂飛，東西一多很難打掃。

對沒有小孩的我們來說，她就像是我們的獨生女，為了她（其實是為了自己）我們決定大掃除，「也來斷捨離吧！」我對老

老公喜歡收集的咖啡杯，和我忍不住買下的紅色義大利鍋。看來我們還要繼續練習斷捨離的生活啊！

公這麼說。

看來不會使用的餐具，狠下心處分掉；開始學料理前買的入門料理書全部送給老公新婚的女部屬。

即使如此，料理相關的道具依然比一般家庭多很多……

斷捨離後我的感想是：

「讓我更清楚想用的東西放在什麼地方。」

「因為所有的東西都一目了然，不會再買不必要的東西。」

「把老舊破損的東西丟了後，東西變得很好找，所以不會浪費。」

「打掃變得更容易了！」

好處真的不少。

早知道應該更早進行的，反省中……

斷捨離，把不必要的東西丟棄，可以減低對物品的執著。不單只是掃除，也可以藉此控制自己的想法。

本意是如此。

但是，當我看到東急手創館的年度特價傳單，還是對傳單裡的紅色義大利鍋一見鍾情。

我對老公說：「在特價耶，很便宜喔！」之後，去百貨公司，看到我最愛的皇家哥本哈根的公主系列晚餐復刻盤，因週年慶在特賣，還有麥森瓷器三百周年紀念的杯組和杯盤。啊啊，惡魔正在誘惑我！

斷捨離後，空出來的櫃子又開始擺入新的鍋子和盤子。

我還無法真正掌握斷捨離，但試過之後，家裡東西確實變少了，通風也變好了，空間變得更舒適。

台灣的讀者們，也嘗試看看「斷捨離的生活」吧？

我最喜歡的食器是皇家哥本哈根公主系列。

調味的順序

來談談日本料理的要訣，基本調味的要素。
調味料不管順序先後，只要分量放對的話，就沒問題——我小時候一直這麼認為。但其實不是如此。
記得母親跟我說過，「按さしすせそ的順序放就對了」。

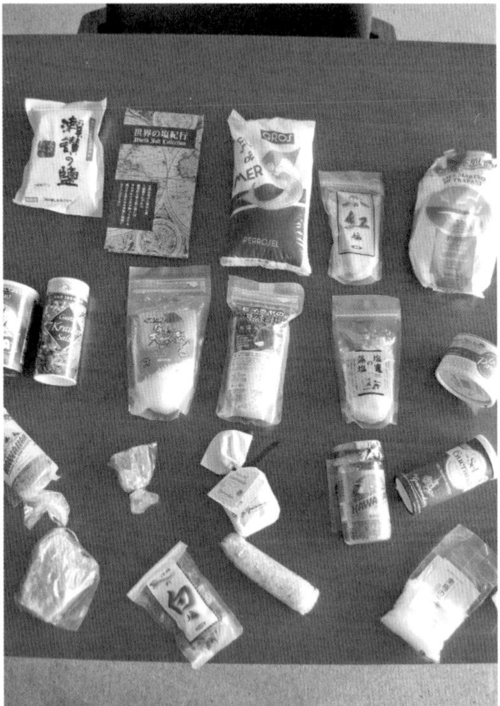

收集鹽是我的興趣。就算是「鹽」，種類不同，味道也會不一樣。

さしすせそ的順序如下：

第一　さ（sa）砂糖
第二　し（si）鹽
第三　す（su）醋
第四　せ（se）醬油（古代的讀法是「せいゆ」[seiyu]）
第五　そ（so）味噌、醬汁

不是因為順口好唸，是有原因的。

砂糖（酒、味醂也和糖一樣是第一順位）因為分子大，不容易滲入食材所以最先放。換言之，先放鹽之後再放入很多的糖，食材也不會變甜。另外，糖也有讓食材變軟的作用。

鹽則有讓食材收斂的作用，會快速溶入食材裡，故先糖後鹽。我會依料理使用不同的鹽。為了讓鹽的收集品不會減少，我常用容易買到的鹽（笑）。我相信料理調味的基本就是「鹽」。

而醋太早放，酸味會揮發。醬油和味噌煮太久，風味也會變淡，所以快煮好時再放即可。味醂分的比較細，普通味醂和砂糖一起放（最早放），味醂風調味料則在味噌之後（最後）。

廚房裡放調味料的架子。紅色蓋子的是台灣的麻油，香味濃郁又好吃。

換言之，味醂風調味料的香味容易揮發，酒精成分又少，所以不需要加熱太久。

只是，這不是絕對的法則。

我在思考新的食譜時，有時會把調味料全部混合後才加入（例如味道不是那麼細緻的一般家庭料理），或是醬油和糖一起混合，像煮焦糖一樣小火慢煮，做成蒲燒醬。

不過，さしすせそ的順序其實是有科學根據的，經常做日本料理的人，知道這點的話很有幫助。

還有，最令人頭痛的調味料，可說是味噌。

和鹽或醬油比起來，種類和製造商不同，味道差異很大，鹽的濃度也相去甚遠。原材料的種類也不同，有米和大豆做成的米味噌；也有麥和大豆做的麥味噌，還有大豆做的豆味噌。

依顏色的不同，大致還可分成紅味噌和白味噌。

而且味噌裡鹽的濃度低的只有百分之五，高的則有百分之十三，相差兩倍以上！

在思考食譜時，味噌真的是令人頭痛的調味料。

順便一提，白味噌加入發酵蛋糕也很好吃喔（真的）。

說到調味料，我有過很有趣的經驗。我曾到越南學習料理，當時發生了令我很吃驚的事。

當我試吃料理時，覺得味道有點甜，於是我說：「老師，好甜啊！」、「那麼加點鹽吧。」老師這麼說。加了鹽後我又再度試吃：「老師，有點鹹！」、老師回答：「那再加點糖吧。」「老師，這樣一直加下去味道會越來越濃耶！」、「味道變得比較調和了嗎？那麼沒問題了啊！」、「……」

這或許是個特殊的例子。

我在４Ｆ上課時說給學生聽，大家都哈哈大笑。

對於喜歡清淡口味的台灣學生來說，有點不可思議吧！但這是我的親身體驗喔！

前面提到了蒲燒醬，接下來就介紹一道用蒲燒醬調味的料理吧！

●蒲燒鰤魚

材料｜2人份

鰤魚（青甘）……4片

蒲燒醬……1.5~2大匙

太白粉……適量

鹽……適量

[蒲燒醬]（容易做的量）

醬油……100c.c.

味醂……100c.c.

砂糖……70g

酒……1大匙

作法｜

① 製作[蒲燒醬]。將所有材料全部放入鍋裡煮，沸騰後轉文火，再煮15分鐘左右，至喜歡的濃度。

② 將鰤魚片撒鹽後，放置約10分鐘。

③ 將作法①表面的水分用餐巾紙擦乾後，灑上太白粉。

④ 平底鍋加少許油熱鍋，煎作法②的鰤魚。魚片較厚時，可蓋上鍋蓋，讓裡面的魚肉熟透。

⑤ 加入蒲燒醬，拌勻讓魚片入味後，熄火。

★也可以用鯡魚或是秋刀魚來做。乾的魚不適合，大多有調味過了。

★煎烤雞肉時也可以用蒲燒醬，就會成為照燒雞。

淺野屋麵包教室

最近跟麵包很有緣。

某天晚上，我去參加了東京中城（Tokyo Midtown）的「Boulangerie淺野屋」的麵包教室。

是在天然酵母麵包教室認識的朋友介紹我去的，也就是「麵包之友」。

那天做的是「信州小麥的全麥麵包」、「長野縣產奶油白馬鈴薯麵包」、「核果馬蹄型麵包」（nuss beugel）三種。

用信州小麥的全麥麵粉做出來的是大型的普通麵包。白馬鈴薯麵包則是使用全麥麵粉麵包的麵糰，裡面放入乳酪和白馬鈴薯。核果馬蹄型麵包是德國的甜點麵包，「nuss」是指核果，「beugel」則是馬蹄型的意思，也就是使用核果做成的馬蹄型麵包。從揉麵糰開始，全部自己動手做。

首先揉核果馬蹄型麵包麵糰……加好多奶油啊。

奶油的分量幾乎有麵粉的百分之八十，加上其他組成麵糰的材料例如蛋，說得誇張一點，麵糰有一半是用奶油做成的。

真的是很奢侈的麵糰。再加入很多核果和砂糖做成的內餡，包起來後去烤（光想到熱量就覺得很恐怖）。不同國家的飲食文化各式各樣，真的很有意思。與日本食物相較，歐洲的食物大多是「一堆奶油、蛋、核果、糖」！不知是身體不同，還是氣候不同。偶爾吃很美味，如果每天吃，對胃負擔太沉重了。

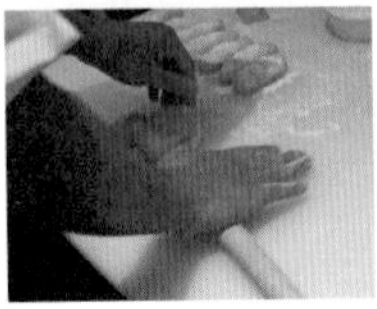
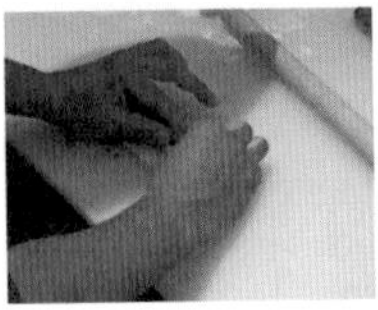
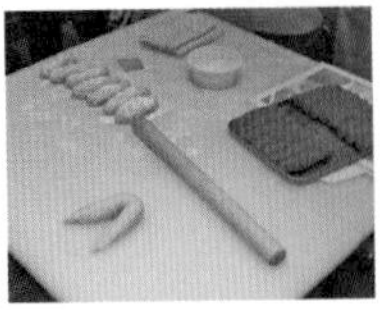
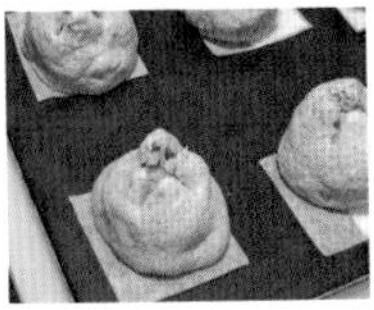

我的感覺是，德國↓法國↓日本↓↓↓台灣，甜度越來越低。

做核果馬蹄麵包的要訣是麵糰不能揉過頭。因為揉過頭，奶油會因為手的溫度而融化。但是因為奶油很多，麵糰很難揉勻，光揉麵糰就很辛苦。

再來揉的是全麥麵粉和馬鈴薯麵包的麵糰。

因為核果馬蹄麵包的麵糰實在太難揉了，相較之下，這次好容易喔！

最後加入奶油（少量）和煮好的馬鈴薯泥，繼續揉。

這次總算比較像麵包的麵糰了。

這個麵包的材料重點在於全部使用信州的食材。

因為這家麵包店在輕井澤也有分店，故特別選用信州產的食材。麵粉和馬鈴薯也都是信州產的。

特別是白馬鈴薯，是很少見的珍貴食材。雖然說穿了也是馬鈴薯，但是用黏土性質的土壤栽培的，特色是皮很薄、質地很細、口感很滑順。因為澱粉含量多，吃起來很甜。

這些貴重的馬鈴薯，基本上全部出貨到京都等地的高級料亭，在一般的超市幾乎看不到（愛吃的我竟然不知道這種馬鈴薯的存在。原來日本國內還有很多我不知道的事……反省）。

再回到麵糰的主題。

用擀麵棍把核果馬蹄麵包的麵糰擀開，放入核果做的內餡後捲起來。

這個內餡，最初讓我覺得好像香腸。

全麥麵粉的麵糰有一半做成大大的麵包，一半做成內餡是切達起司和馬鈴薯，再塗上鯷魚醬的麵包。

要把整個馬鈴薯包起來比想像中難。

發酵和烘烤由工作人員接手。

核果馬蹄型麵包。

全麥麵包與白馬鈴薯麵包。

白馬鈴薯麵包裡是整顆的馬鈴薯。

在等待期間，店家向我們介紹新的商品。工作人員分給我們蘋果派和一種包了栗子、鳴門金時（糖分高，很適合用在甜點的蕃薯）和奶油起司的哈惟思（Harvest）麵包。

這兩種都很好吃，但讓我「驚豔」的是蘋果派。

蘋果的品種是「秋映」，酸味和甜味剛剛好，而且擁有香脆的口感，和派很搭！

在日本農林水產省登記有案的蘋果種類有一百七十七種。長野人不稱蘋果為「蘋果」，而是以「秋映」、「信州甜品」等品種來稱之，也就是說，蘋果的種類真的很多。

因此，這家店也把蘋果派稱為「apple pie relay」（接力蘋果派），使用各式各樣的信州蘋果，以接力的方式來製作、販賣蘋果派。

蘋果派真的很有學問啊！

在我的腦子裡，「加熱之後很好吃的蘋果」就是「紅玉」的認知已經深植腦海，「秋映」的美味讓我不禁起念，要再好好認識蘋果才行。

接著試吃烤好的麵包。

核果馬蹄麵包的味道太「危險」了。竟然沒有很油的感覺。

我的腦袋擅自認為：「麵糰裡加了一整杯的奶油耶？而且裡面包的是核果和糖的混合物耶？味道肯定又甜又重才是。」但做好的味道竟然鬆脆又爽

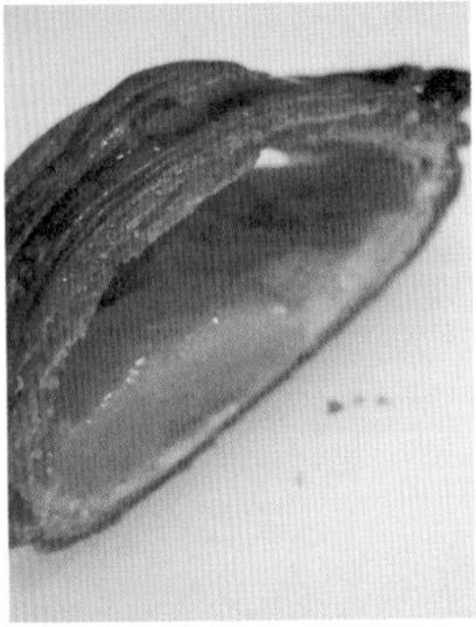
蘋果派。

哈惟思麵包。

口，感覺一口氣可以吃很多，太受打擊了！熱量絕對很高。

我想，最後調味的檸檬皮和紅茶香或許是讓麵包變得爽口的原因。

全麥麵包因為加了馬鈴薯，味道很香濃，是日本人會喜歡的味道，還有淡淡的全麥麵粉的香味。另外，包了整個馬鈴薯的麵包，馬鈴薯真的好好吃，感覺完全發揮出馬鈴薯的美味（麵粉量很少，完全不減馬鈴薯的美味）。

這次是去學做麵包，但也想多了解信州的食材。

日本因為國土南北狹長，有著各式各樣的特產品和農產品，有機會的話，建議到各地走走。

沒有時間的人，可以到東京中城，品味這裡「小信州的味道」。

購物的地方

築地場外市場也很熱鬧很好逛。

每次去台灣，市場的活力總是讓我很興奮。超市是買伴手禮的好地方，但不是很熱鬧。（有些超市沒有生鮮食品，真不可思議。）

在日本，一般食材都去超市買，所有東西一家購足，非常方便。

以前，每個地方都有商店街，有賣肉的、賣魚的、賣菜的等等各種專賣店集中在一條街上，形成商店街。

當然，現在有些地方依然有商店街，但因為「可以在一個地方買到所有的東西」、「不用和店家寒暄，可以省去買東西的麻煩」等等原因，新興住宅區幾乎看不到商店街，古老的住宅區也因為世代交替，商店街漸漸沒落，這就是現狀。

「那麼，市場呢？」說到市場，首先想到的是東京知名的築地市場。

東京都內有十一個大型盤商市場，築地是裡面規模最大的。主要的交易產品是以魚為主的海鮮類；另外也賣蔬菜或加工品（豆腐、醃漬物、冷凍食品等）。只是，這裡幾乎都是賣給「專家」，也就是經營餐廳的人。賣給一般人的則是「築地場外」——市場外面另有可以購物的地方。

這是我家附近的傳統商店街。我很喜歡這條商店街，例如買魚時可以問魚店老闆：「這要怎麼料理才好吃？」就會得到非常詳細的作法。像這樣一邊交談一邊購物，是非常愉快的。

只有週末才有的都市型市集。

原則上一般人是無法進入築地市場的。

我進去過一次，是認識的業界專家帶我進去的，裡面十分吵雜，忙碌熱鬧的程度幾乎是稍一不留神，可能就會被載貨的台車撞到。我當時去的時候是早上十點左右，已經算是比較接近尾聲的狀態了，專業人士大約早上五點就開始來這裡採買了。如果是那個時間進來，應該會給他們添麻煩吧！

「那麼，有一般人也可以逛的市場嗎？」

當然有啊，地方的觀光市場就是給一般人逛的，像是京都的錦市場就是很好的例子。當然一般的主婦也會到錦市場買東西。還有，最近東京流行的都市型市集，是只有週末才有的市場。這種市場的特點是多半設置在六本木或青山等時尚區域。

這些市場的東西並不特別便宜，但因為可以買到珍貴少見的蔬菜，也有現烤的麵包，可以享受現代潮流的氣氛，甚至可以列入有點特別的「晨間約會」行程裡。

此外，當我有工作、無法上街購物時，「宅配服務」幫了很大的忙。不同公司，宅配的方式也不同，我最常購買的是「每週固定的日子，會宅配固定價格的當季蔬菜」。

這樣的宅配服務十分受到家裡有年幼的小孩，或是上班族的喜愛。這些店提供的食材都比較講究，給人的印象是「東西都很好，但有一點點貴……」。

另外，我常利用的還有百貨公司。我以前認為「百貨公司很貴」，事實上確實比超市貴一點，但可以買到好東西。當然，依不同店鋪、狀況而異……

來日本時請一定要到百貨公司的食品賣場去看看。

另外要推薦的是「熟食專賣區」。一道道的熟食，像寶石（太誇張？）一樣排在櫥窗裡，真的很漂亮。

看起來很好吃，而且吃起來很美味，簡直百看不厭。雖然價格稍微貴了一點，但對職業婦女來說，卻是很大的幫手。

我有時會去逛熟食區找靈感，「原來這個食材和那個食材可以這樣搭配啊！」當成新食譜的參考（笑）。

我曾在前面提到的都市型市集裡，發現了「蜜地瓜」。「很甜、很好吃喔」聽到販賣的人這麼說，我買了一袋。

裡面有八個如嬰兒拳頭般大小的地瓜。一袋一千日圓。而且還附一張紙條，寫著：「請勿使用微波爐或蒸籠，請用烤箱慢慢烤。」

「哇，太厲害了，如此講究的地瓜！」我感動的把地瓜放到烤箱裡，烤了四十至五十分鐘。

當我打開錫箔紙，嘗了一口地瓜……「好甜喔！但這味道我好像吃過……」想了一下，想起來了！「是台灣！」

沒錯，就是在台北的市場，用像裝汽油的大鐵桶烤出來的地瓜，味道簡直一樣。

雖然很好吃，因為在日本「只有鹿兒島才有」或是「種子島直送」，所以被當成賣點，身價非凡（失禮！），卻在台灣普通的市場就可以輕易買到的味道，害我不覺笑了出來。

這是我在市集買到的物品。那裡不只賣蔬菜，還有賣米和鮮花等等。

這是離我家最近的百貨公司地下超市。賣很多熟食小菜，逛起來很愉快。

我會參考他們的擺盤和食材使用方式，沒事（也不買東西）也會經常去逛逛。

狗狗的食品店

我第一次去台灣時（約五、六年前），幾乎沒有看到牽著狗散步的人（倒是看到許多人家門前放養的狗）。

後來我又去了幾次台灣，漸漸發現牽著狗散步的人變多了，在轉入便利商店旁的小巷子時碰到牽著兩頭大白熊犬的人，或在公園前悠然散步的哈士奇犬，還有抱著吉娃娃坐計程車的人。

「日本現在算進入飼養寵物的穩定期，而台灣現在正是寵物熱嗎？」我心想。

我最近也開始養狗。

狗狗的名字是「汀卡」，是四分之三的拉不拉多血統和四分之一黃金獵犬血統的混血狗，原本是協助犬，從小被訓練成要助人的狗狗，卻在一歲兩個月後被「開除」了。日本收養「棄犬」和「不適合當協助犬」的人增加了，所以「因為無法飼養而被棄養的狗」越來越少。

我們家的汀卡是個美食家，很愛吃。而且，雖然身為狗，還有常去的店家呢！

汀卡的零食。
因為是用人也可以吃的好食材去做的，所以可以放心給汀卡吃。不過因為沒有加防腐劑，所以雖然很安心，卻保存不易啊！

牠常去的這家店是「Pusako Kitchen」，專賣手作的狗狗食品店。地點在青山，是東京的「時尚地區」。店的外觀也很可愛，可愛到簡直會讓人懷疑，「是不是賣給人吃的點心店」？而且每一位店員都很可愛，這和食品雖然沒有關係，但真的很可愛（笑）。

店裡面的食品全都是在這裡做的，而且材料非常講究，種類也很多！

有兔子的骨頭、狗母魚等品名，還有馬的阿基里斯腱。太厲害了！

有人說狗沒有味覺，肯定不是真的。因為吃著美味食物的狗狗，臉上總是洋溢著幸福啊！

有個台灣女孩曾對我說：「日本的狗很奇怪，不但穿衣服，還坐在嬰兒車裡。」我心想：「日本的確把狗當成人，太超過了一點。」但是狗狗又不會看電影也不會讀書，樂趣只有吃飯和散步，偶爾去這樣的店也不為過啊！

現在，我會研究買回來的狗點心，也自己模仿、試做狗點心。
汀卡，喜歡我做的點心嗎？

養了汀卡之後，外出的機會增多了。過去都過著準備料理和吃東西的反覆日子，現在則好像過著有益健康的生活了。

料理攝影大會

有幸寫這本書，一方面很高興，另一方面卻很擔憂，心情很複雜。

不安的原因有二：一是寫文章。思考食譜是我的工作，雖然做起來很順手，但是寫文章這件事，卻有似有若無的微妙感。關於這一點，編輯明月對我說：「請以寫日記一樣的輕鬆心情來寫。」讓我暫時放心了。

另一個不安的原因是照片。照片也要由我自己來拍。「怎麼辦？」於是我決定去上攝影課。

我去上的是專業的攝影老師一對一的教學，對我來說是再適合不過了。我帶著相機，連說明書也沒有讀就去了，老師很仔細的從頭教我相機的使用方法。對一心以為相機這玩意「只要按下快門就沒錯了吧？」的我來說，真的是大開眼界。

上過課後，訂出了「拍攝料理」的主題，並且決定在我家辦攝影學習會。突然，我家變成了攝影棚。

料理的主題是「巧克力蛋糕」和「越南春捲」。是我自己選的菜色。

之所以會選這兩道菜，是因為曾去越南學做菜的我，其實很常做東南亞料理。而巧克力蛋糕則是因為看起來一片黑，很難拍得美。

基於這麼單純的原因所選的菜色，老師卻對我說：「佐藤小姐選了最難的課題！」

回想老師在最初上課時曾說過，「身為攝影師最難的是拍新娘和新郎。為什麼呢？因為新娘穿全白的禮服，新郎穿全黑的燕尾服，也就是說，是全白和全黑的對比色。配合白色來拍，黑色就會變得暗又慘澹；反過來的話，白色又過於明亮，輕到好像會飛走。」這簡直就是巧克力蛋糕的黑巧克力和白鮮奶油，不是嗎？看來我真的是給大家出了大課題。

重新振作，因為攝影大會就要到了。

要拍照的料理由我來做。所以前一天去買菜並且烤了巧克力蛋糕，因為烤蛋糕要放一段時間才會入味而更加好吃。生春捲則是當天早上捲好。因為是拍照，所以外觀當然比味道重要。老師說過：「也可以切一半來拍」，於是我捲得比平常緊一點。

拍照的時間終於來臨。「初次來的人」也不少，大家打完招呼後開始熱鬧的拍起來了。

除了食物，汀卡也是我練習拍照的最佳模特兒 。

因為拍照不是我的興趣，我只有一台舊的單眼相機和一台小型的相機，看看大家的相機，都好專業啊！

而且這次還有特別來賓！照明用具店為大家示範了在家裡也能簡單架設的燈具。

經過說明之後，依我的理解，光是有溫度的，太陽光、螢光燈、日光燈的溫度全都不同。相機會感受光的溫度，調出適合的顏色。如果相機無法正確感受溫度時，就會拍出奇怪的顏色。要解決這個問題，就必須手動來調整。

原來如此啊！

原來老師不斷重複的事，「光源請維持單一種」是這個原因。不能因為很暗，就同時開螢光燈和日光燈。相機會因為不知道要配合哪一個溫度而混亂。

我想起來了，在4F拍攝試作的料理時，不論多暗，好像都沒有開燈。

這些攝影的道理，聽起來好像很厲害的樣子，其實都是上課的內容。

雖然上了課，還是無法立即拍出好的照片，編輯小姐，對不起，我會加油的。

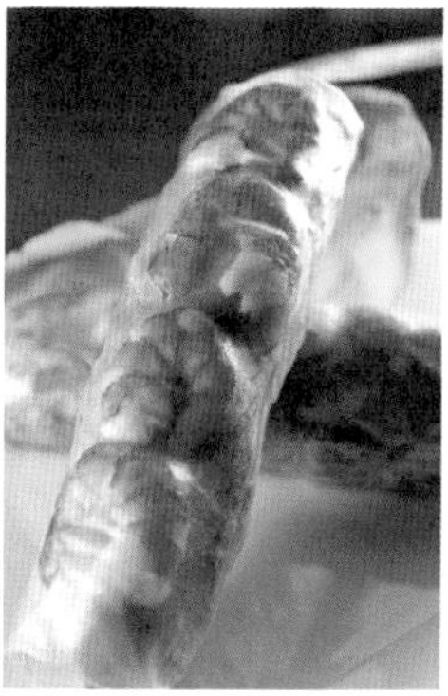

我喜愛的廚房用具

今天，要跟大家聊聊我在廚房裡常用的一些工具。

先介紹真空保溫調理鍋（shuttle chef），這個很省電。最近看了商品網頁，發現又出了很多新產品，但功能其實都一樣才是。（笑）

這是我結婚時，老公的姊姊送給我們的結婚禮物。這個鍋的優點是：

1 不用一直在旁邊看著，也能做出燉菜。

2 省電環保。只要沸騰即熄火，然後把裝有食材的內鍋放入外鍋繼續悶煮就可以了。

3 因為溫度會慢慢的滲透，煮豆子時鬆軟又好吃。

缺點是，很花時間。

昨天也做了滷豬肉，但是得晚上設定好，早上起來再調味，才能成為今晚餐桌上的菜色。

使用壓力鍋（壓力鍋也有壓力鍋的好處）燉肉，肉會縮小，但這個鍋因為是用「慢火」熬煮，所以不會有肉縮小的情況。

還有，過年時會出現在餐桌上的黑豆。如果火突然太旺，豆子的表面會起皺摺然後破掉，用這個鍋來煮就可以很放心。因為

是慢慢地傳遞溫度，可以煮出膨鬆美味的黑豆。
也就是說，用時間換來的美味。
對我來說，這是不會每天使用，但沒有它卻很不方便的道具。

另外要談的是「當鉢」，也就是研缽。
為什麼是當鉢呢？其實是磨碎芝麻的道具「研鉢」。因為日文研鉢的「研」和「偷」同音，不太吉利，所以才另外取了「當鉢」這樣的名字。
這也是很方便的道具。
雖然我也有食物調理機，但要磨少量的芝麻，或要把山芋磨成泥、磨少量的魚，或想把豆腐搗碎時，我都會用研鉢，它可以說是「和風調理器」。甚至可以說，沒有它，我家的餐桌就不是餐桌了！
我曾在泰國看過同樣的鉢（在泰國用來磨香料），但和日本不同的是沒有齒紋。雖然平滑的表面清洗時比較輕鬆，但磨碎的功力，日本獲勝（泰國人應該會有不同的見解）。

最後要談的一個小道具，是磨刀的「砥石」。這對我來說真的是不可少的用具。

菜刀的鋒利度不是永遠的，因此，不定期磨的話，刀鋒就會越來越鈍。

在料理學校上課時，第一件學會的事是「磨刀」，因為「不能管理好自己道具的人無法成為出色的料理人」。

在4F上課時我也曾說過，雖然市面上有各式各樣的道具，台灣也有很多很好的道具，但我個人認為日本製的菜刀最好用（當然我的菜刀也是日本製）。日本製的刀子只要經常研磨，就能一直維持銳利的刀鋒。

刀子好切，感覺料理也會自然上手喔！

●溫泉蛋

材料｜4人份

蛋……4個

醬油……20c.c.

味醂……20c.c.

鹽……少許

[高湯]（柴魚昆布高湯120c.c.）

昆布……5×10公分

水1……1公升

水2……100c.c.

柴魚……20g

作法｜

① 先將蛋放置常溫下。

② 製作[高湯]。將昆布浸泡於1公升的水中（放冰箱冷藏一晚更好）。

③ 煮昆布水，直到昆布周圍出現細小泡泡後，取出昆布。

④ 將水煮沸後，加入100c.c.的水。

⑤ 水溫降低時加入20克柴魚，煮到出現泡沫渣時，將泡沫渣撈起，關火。

⑥ 靜置讓柴魚沉澱，之後用布巾過濾即可。

⑦ 在真空調理鍋放入8分滿的水，加熱至攝氏70度。

⑧ 將蛋放入，蓋上鍋蓋，放置50分鐘。50分鐘後，取出蛋。

⑨ 高湯、醬油、味醂、鹽放入小鍋裡，加熱沸騰後立即熄火，放涼。

⑩ 將作法⑧的蛋放入碗盤中，倒入作法⑨的醬汁。

⑪ 可依喜好撒上切碎的蔥或是三葉菜裝飾即可。

★真空調理鍋的特色是可以保溫，用來做溫泉蛋最能發揮其功能。

★蛋黃攝氏70度凝結，蛋白80度會變固體。利用此溫度的差異做出來的料理就是好吃的溫泉蛋。

★除了淋醬汁吃外，在我家還會把溫泉蛋加入納豆，或是放在牛丼和咖哩飯上一起吃。

●和風涼拌豆腐泥

材料｜4~5人份

木綿豆腐……1/2大塊（約200g）

蝦……100g

四季豆……150g

三葉菜……2~3支

白芝麻……1.5大匙

砂糖……1大匙

醬油……1小匙多

味噌……1小匙

鹽……少許

作法｜

① 用廚房紙巾將木綿豆腐包起來，放上重物，讓水分釋出。途中水分釋出時，隨時把水倒掉。

② 剝掉蝦殼，摘除四季豆的老絲，各自以鹽水煮熟備用。

③ 四季豆對半切開。三葉菜的莖切碎備用。

④ 芝麻放入研缽內搗碎，將瀝掉水分的豆腐放入，磨成碎泥。

⑤ 放入砂糖、醬油、味噌、鹽調味。

⑥ 加入蝦子、四季豆、三葉，混合均勻即可。

★也可用蘆筍取代四季豆，一樣很好吃。

★基本的和風涼拌豆腐泥食譜，大多使用波菜、紅蘿蔔、蒟蒻、香菇等材料。

★如果買不到三葉菜也可以用芹菜代替。

我愛用的鑄鐵鍋

用鑄鐵鍋煮飯，蒸氣能在鍋內再次循環，讓米飯更加美味。

這個鑄鐵鍋可說是我們家工作最認真的一員。因為每天都幫我煮飯。

和台灣人一樣，米飯也是日本人每天不可少的食物。雖然現在的日本年輕人似乎「比較愛吃麵包」，「義大利麵比較好」的人也不少，但我家的晚餐還是以米食為主。

或許是因為我年輕時經常去海外？麵包和義大利麵對我來說也能滿足，但我先生是那種「沒有吃飯就覺得沒有吃飽」的人。我家的米是先生老家送來的糙米。每次要煮飯時，都會先用家庭用精米機去殼，再用Staub鍋煮飯。為什麼要這麼麻煩呢？因為糙米的狀態才能長期保住米的原味。

雖然很多人說日本的土鍋最適合煮飯，但我家是「全電氣化」的公寓，不能使用瓦斯。因此，在選ＩＨ調理爐用的鍋子時，底是圓的，或是土鍋、中華鍋都不能用（不過最近也有出ＩＨ專用的平底形鍋子）。

能媲美日本土鍋的，我想只有這個Staub鍋了吧。

蝸牛握柄是另外選購的配件。

首先，它很重。蓋子很重，所以對鍋內的食物來說壓力足夠，才能煮出好吃的料理。

再者是蓋子裡有許多的突起物，它的作用是讓蒸發至蓋子的水分再滴入鍋內。

換言之，少量的水就能煮出美味的菜色。這也是Staub的特色，「富含美味的蒸氣在鍋內再次循環，讓食物更加美味。」

還有鍋子的質地，即使燒焦了，用力的刷，也完全不會損傷鍋子。因為原本表層就沒有做特殊處理，不用擔心傷害表層的處理面。對於我這種容易著急不安，常讓鍋子燒焦的人來說，真的是太適合了（苦笑）。

受到大家喜愛、顏色美麗又可愛的LE CREUSET鍋則是有客人來時才會出場。

但是，最堅固耐用的還是Staub鍋。

顏色是全黑的（當然也有可愛的顏色，也有做過表面加工處理的鍋），表面沒有特別的裝飾，似乎訴說著「我是工具喔！」的頑固主張，反而讓我覺得很可愛。

於是，為了讓完全沒有裝飾的外觀增添一絲可愛的成分，我把

鍋蓋的把手換成了鍋牛形狀（要另外購買）。

「雖然很重、價格又高，但可以每天使用……而且，真的很好用，還是很值得吧！」我對老公這麼說，希望可以再買一個……

用它來煮飯真的很好吃喔！有機會請務必用看看這個我個人鍾愛的鍋。

●千層高麗菜

材料｜22公分的燉菜鍋1鍋份

高麗菜……1顆（會用到從外側剝起的2/3左右）

豬絞肉……350g

牛絞肉……350g

洋蔥……1個（約200g）

蛋……1個

麵包粉……1/4杯

牛奶……75c.c.

鹽……8g

胡椒……適量

肉豆蔻、百里香等辛香料、香草葉……適量

白酒……100c.c.

水……200c.c.

月桂葉……2~3片

雞湯塊…… 1個

可溶起司……按個人喜好的量（這次用50g）

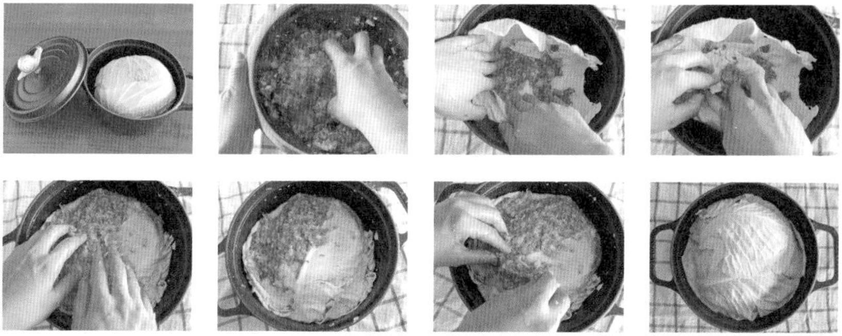

作法｜

① 將高麗菜葉一片一片剝下，洗乾淨。

② 將絞肉、切碎的洋蔥、蛋、麵包粉、牛奶、鹽、胡椒，及喜好的辛香料放入容器裡，攪拌均勻。

③ 將高麗菜葉放入鍋內，再鋪上少量的肉延展開來，接著再放高麗菜葉，反複疊上去。 為了讓最上層看起來美觀，可以先把2~3片大片的高麗菜葉留下來備用。

④ 最上一層的高麗菜鋪好後，放入白酒、水、月桂葉、雞湯塊，加熱。沸騰後轉文火，蓋上鍋蓋，煮1個半小時。

⑤ 放上可溶起司（個人偏好Pizza用起司），整鍋放入烤箱，以攝氏220度烤30分鐘，至表面呈美味的焦黃色即可。

★最好是使用雞肉或牛肉的高湯粉或高湯塊，因為是肉類料理，用魚的高湯比較不適合。

夏日風情畫

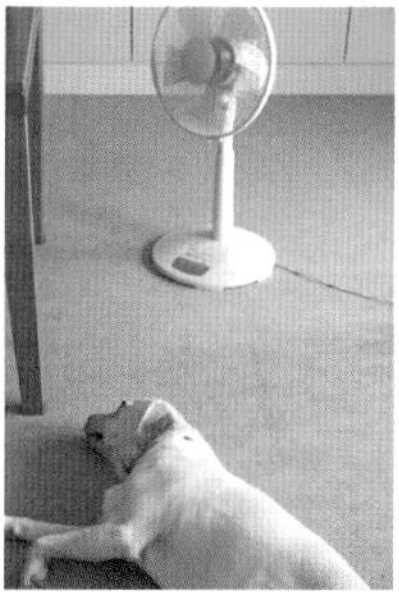

我討厭夏天，真的很討厭。一熱起來，什麼都不想做。很不幸的是，只有食欲依然不減……

最近幾年，東京的夏天異常的熱。在我的認知裡，「台灣是南國耶，會更熱吧」。但是，八月最熱的時候，我去了台灣一星期，回到東京後，卻發現「怎麼東京反而比較熱」，真的！

4F的年輕工作人員甚至寫信給我：「聽說日本有人被熱死，老師還好嗎？」

當我還小的時候，媽媽常對我說：「快趁上午還涼快時，把功課做完喔！」但是現在的東京，連上午也很熱，不，連半夜也很熱。

雖然寫了很多「討厭東京夏天的種種」，但有些東西只有在夏天才會覺得特別好吃。

那就是毛豆。

毛豆是大豆成熟之前的豆子，不知道台灣是否也有這種吃法？只要用水煮熟，然後撒鹽。很單純的味道吧？在日本這是最受歡迎的吃法，也是爸爸們喝啤酒的最佳下酒菜。

我超愛這道鹽味毛豆，一到夏天，幾乎每晚餐桌上都有它。吃來有微微的甜味，這是鹽的味道引出毛豆的甜味，並保有原來的味道。

毛豆要煮得美味而且顏色漂亮，有小小的祕訣喔！
祕訣就是只要是綠色的蔬菜，就「加鹽下去煮」。因為葉綠素不耐熱，容易變質，放入鹽（鈉）後，能讓葉綠素穩定，保有原本美麗的顏色。不但能保有顏色，還能防止營養成分流失。

「那麼，用加了鹽的熱水來煮吧！」
這當然也可以，不過可以先用鹽搓洗毛豆，不僅能去除表皮細毛，還能洗去髒污。
首先，用冷水沖洗毛豆，把水瀝乾後撒鹽，用手確實搓揉。同時煮水，當水沸騰後，整個丟進鍋子裡煮。
煮到比自己喜歡的硬度再硬一點，感覺「有點硬」時，就是起鍋的時候。
因為餘溫會讓豆子再變軟。
如果不夠鹹，再撒上少許的鹽，趁熱享用！

在意農藥殘留和髒污的人，用鹽搓揉後可以用水再沖一次，在沸水裡加入百分之一至二的鹽再下鍋煮。
也有人喜歡用冰水泡一下煮好的毛豆，但我不喜歡水分太多，所以煮好後直接放在篩子上攤平放涼。

其他的蔬菜也可以這麼做，葉菜類可以煮好瀝乾，泡入冰水，再瀝乾水分。但是花椰菜、蠶豆、毛豆等無法把水分瀝得很乾淨，所以攤平放涼，不但水分不會太多而且很好吃。

對了，毛豆不只味道好，營養價值也很高喔。有豐富的維生素B1、B2、C和蛋白質，對肌膚也很好，還可以幫助分解酒精，可說是絕佳的「啤酒良伴」喔！

最近我喝水幾乎都喝氣泡水。氣泡水雖是碳酸水，但這個碳酸是天然的，聽說有助於排出造成身體疲勞的「乳酸」。
因為我幾乎不喝酒，為了配合喝酒的氣氛，我會用喜歡的糖漿調氣泡水，變成好喝的碳酸果汁喔！

消暑的冷泡綠茶

好熱好熱。

天氣一開始變熱，就很想喝冰的飲料。最近我最常喝的冷飲是「冷泡綠茶」。只要把綠茶放入冷水裡，順口香醇的茶就完成了（顏色也很美）。

而且作法很簡單，只要準備：

1 綠茶的茶葉
2 茶袋或濾網
3 水
4 水瓶
5 冰箱

就可以了。

作法：

1 水瓶裝滿水。
2 把茶葉放入茶袋裡（使用濾網的話，茶葉可以直接放進去）放入水瓶。
3 在冰箱裡放一個晚上。
4 使用濾網，將茶葉過濾即完成。（茶水很容易發霉，要盡早喝完喔！）

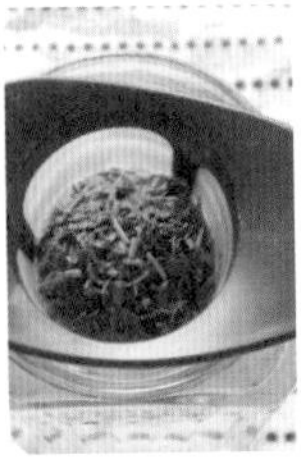

我懶得濾茶葉，也懶得用茶袋，所以買了附濾網的水瓶。

因為不需加熱，綠茶裡的維生素C不會被破壞，也比熱水泡的茶咖啡因含量少，即使晚上喝，也不會睡不著。

自己做的冷泡茶比外面的保特瓶茶飲好喝又健康，而且很便宜（笑）。

其實日本茶的種類很多。粗略來分，有煎茶（日曬的茶）、番茶、烘焙茶（使用煎茶不用的部分，將之煎焙後的茶葉）、玉露（在日陰下生長的茶）、抹茶（將日陰下生長的茶葉磨成粉狀的茶）。

換言之，煎茶磨成粉狀，是不會變成抹茶的。

我通常用煎茶來做冷泡綠茶，荷包比較寬鬆時（笑）則用玉露茶來做，真的是甘醇清香的絕佳好茶啊。

即使用煎茶來做冷泡茶，其實也夠好喝了。

還有，喝冷泡茶時，推薦搭配日式點心「蕨餅」。只要有蕨餅粉和黃豆粉，其實做蕨餅很簡單喔！

●蕨餅

材料｜4~5人份

[原味蕨餅]

蕨餅粉……25g　砂糖……20g

水……125g　黃豆粉……適量

[抹茶蕨餅]

蕨餅粉……25g

抹茶……1/2小匙

砂糖……25g

水……125g

[抹茶黃豆粉]

黃豆粉……10g

抹茶……1g

砂糖……8~10g

作法｜

① 先做原味蕨餅。將蕨餅粉和砂糖混合均勻。

② 將①放入攪拌盆，一邊加水一邊攪拌。

③ 將②以濾網過濾，篩入鍋子裡。

④ 一邊加熱③，一邊用橡膠拌杓攪拌。

⑤ 待產生黏稠感，呈透明狀時，立即熄火。放入灑了黃豆粉的模型裡，待其冷卻凝固。（此時可以手沾黃豆粉來輔助成形。）

⑥ 在蕨餅上面灑上黃豆粉。

⑦ 抹茶蕨餅口味，只要將蕨餅粉、砂糖和抹茶混合，其他作法和原味蕨餅一樣。

⑧ 做抹茶蕨餅時，不使用黃豆粉，而是用抹茶黃豆粉（將材料全部混合即成）。

⑨ 當作法⑥和⑧冷卻後，切成容易吃的大小，盛入小盤，淋黑糖蜜吃。想縮短冷卻時間，可以用保鮮膜包住保持水分，放入冰箱冷藏。

★如果覺得放入模型裡再切很麻煩，可以趁蕨餅還熱時，用湯匙挖，放入加了冰塊的水盆裡也可。但記得之後要瀝乾水分。

★原本應該使用蕨粉來做的，但這次使用容易買到的蕨餅粉。台灣應該也可以買到。

蔬菜也能做甜點嗎？

幾年前，我曾在以蔬菜為主題的餐廳工作，開發「甜點菜單」及「外帶蛋糕」的種類。

當時有一位很熟的歐吉桑（料理人）問我：「有人在找會做甜點，但不是專業的職人，你有興趣嗎？」這份工作就是他介紹的。（為什麼要找不是職人的人呢？因為他討厭腦袋定型的人）。

但這是個辛苦的挑戰（苦笑）。

因為主題是「蔬菜」，而我的工作是開發甜點，換句話說，要用蔬菜做出甜點。

當時東京開始出現一些做蔬菜甜點的店家。老闆對我說：「就模仿他們做的吧！」但是我的自尊心卻不容許（笑）。

蔬菜實在沒有什麼「個性」。和水果相比，甜味、酸味、香味都不明顯，有些還有特殊的「苦味」。

在單純的嘗試之下，「成功」成為甜點的只有南瓜和地瓜，勉強還可以的是番茄和紅蘿蔔。我想：「如果不好好下工夫學習，可是做不出好吃的蔬菜蛋糕啊！」

於是，我買了不少蔬菜的書來參考。

首先，要了解食材的特性，不然根本無法設計食譜。在這之前

我只是喜歡吃蔬菜，從沒有以甜點的角度來思考蔬菜。因為我清楚知道，用水果做的甜點當然美味多了。但為了讓吃的人覺得「好吃」，我還是日以繼夜的努力試做。

我想這是我活了四十年以來第一次這麼認真工作，也是最後一次了吧？是說這之前都過得太輕鬆愉快了嗎？（笑）

當時買的書，幫了我許多忙。

有一本《野菜便利帳》（からだにおいしい 野菜の便利帳），它的優點是詳細寫出蔬菜的季節、營養成分，還有味道的特徵，就像是蔬菜辭典。因此，即使我沒吃過的蔬菜（地方特有的農產品等），書中也仔細記載了味道的特色，可以發揮想像，再「想辨法買這個來試做看看」。

另一本《蔬菜的選法、調理法》（青果店「築地御厨」直伝——野菜の選び方、扱い方）則是詳細記載著挑選的方法（辨別美味蔬菜的能力）及如何料理（切法及食譜等）才能引出食材的美味。學會這本書裡的知識後，就可以在進貨時，跟蔬菜店的歐吉桑回嘴了，「請拿品質更好的蔬菜來！」（笑）

雖然所有的書裡完全沒提到「用蔬菜做甜點」這回事，但卻給了我許多提示和靈感。

現在，那間餐廳的老闆換人了，菜單也完全不一樣，但曾做過這份工作，對我來說是很重要的體驗，也是很好的回憶。

這讓我能夠在４Ｆ開了兩堂「用蔬菜做甜點」的課。台灣的學生吃了也說「好吃」，心想「當時的辛苦總算沒有白費」。

我很想問問上過課的學生：「我教的作法，有確實讓蔬菜嘗起來像甜點嗎？」

上次去台灣時，跟朋友一起到陽明山上吃野菜。有許多我沒吃過的「新鮮」野菜。菜園就在廚房旁邊，缺什麼菜，老闆娘走出去現採一把就能下鍋，真是有意思。山上的野菜屋，好吃！

番茄果凍

材料｜4人份

中型番茄……2顆
水……200ml
糖……20g
吉利丁……4g
蜂蜜……適量
檸檬汁……適量

[檸檬糖漿]
糖……15g
水……35ml
檸檬汁……1茶匙

作法｜

① 吉利丁浸泡在冰水裡泡軟備用。番茄在底部用刀劃十字，丟到滾水內燙一下，撈出來後過冰水直接剝皮；去蒂並切成塊狀。
② 準備好的番茄跟水、糖加到鍋內一起煮。
③ 等到番茄已經煮軟後（約15分鐘），將番茄撈起來。另外測量剩下的糖水，加水（份量外）加到270毫升的量。
④ 將作法③鍋內的水煮到沸騰後熄火，加入泡軟的吉利丁，然後趁熱時混入蜂蜜與檸檬汁，蜂蜜和檸檬汁的量可以依個人喜好調整。
⑤ 把作法③挑起來的番茄分別填到準備好的果凍容器內，然後倒入作法④的蜂蜜水。
⑥ 放涼後（可隔冰水降溫加快時間），蓋上保鮮膜，放入冰箱冷藏一夜讓果凍成形。
⑦ 製作[檸檬糖漿]。先把糖和水一起煮沸，熄火後拌入檸檬汁就可以了。可以淋在果凍上吃！

無法成形的食譜書

或許不應該寫這一篇的。我的專長是法國甜點，想談一下關於法國甜點的書。

剛去藍帶上課時，做甜點是我最大的樂趣，我買了一堆書，看到什麼就嘗試看看。做了各式各樣的甜點後，我開始了解每個作者的特色，例如：「這個作者的口味符合我的喜好」、「這個作者擅長單純的食譜」等等。

但是有一些食譜，不論我試了幾次，甜點都無法成形，這種書竟然也能出版。「照片看起來很好吃，但實際吃起來卻一點都不美味」，從某些角度來看，這也是沒辦法的事，因為每個人的味覺不同。我認為「美味」的料理，不知道其他人是否也一樣覺得「美味」！

我說的「無法成形」是指「按照書裡的作法來烤，但結果裡面沒有烤透」；或是「奶油應該很清淡的，但是卻很黏稠」；或是「果凍無法凝固」等等。

我想得到的原因有：

第一，印製錯誤。

第二，食譜本身就有誤，是未經過實證的食譜。

第三，製作過程中最重要的地方沒有寫出來。

我想，第三個原因的可能性應該最高（少數原因是第一或是第二）。

我左思右想後，無法明白。於是拿到學校（藍帶）去問老師。結果老師直截了當的說：「是啊，因為如果全部寫在書裡，那學校就沒有存在的必要了啊？我們雖然不造假，但全部寫得非常仔細，就收不到學生了。所以不會把它全部寫出來。」

說的也是，如果把作法全部一五一十寫在書裡，那生意就做不成了吧。

但是，各位請不用擔心。我寫的食譜不是專業廚師的食譜，是主婦的食譜，是不管什麼人都能輕易買到材料，而且能做得很好的食譜，這是我思考食譜的出發點。

來上課的話，我會教更多相關的事，例如：「把○○換成△△也很好吃喔」、「這個料理還有這樣的含意喔」等等的知識，基本上是站在簡單的理念來發想的食譜。

因此，請務必在家裡試做看看。把日本料理變成一般的（在家也能做的）料理，並更加喜歡料理。

有機蔬菜

近幾年來，有機食物在日本受到一般人的關注。追求「安心安全的食品」的意識越來越高，也開始出現提供有機蔬菜的餐廳和市場。

我年輕的時候，會覺得「烤肉好好吃喔！」或是「好想吃壽司」，但「蔬菜」是「在家吃」的食物，不是上館子的大餐，而是普通的食材（當然松茸或松露另當別論）。所以不會為了吃蔬菜而專程上館子。

但現在的年輕女生不一樣。「我超愛吃蔬菜」、「想去有蔬菜料理的餐廳」、「我想取得蔬菜水果專家的資格」（日本民間團體發的認證）、或「我正在吃素」、「我想要學蔬菜料理」……有許多人這麼說。

年輕人不是應該多吃肉嗎？原本也是肉食動物的我覺得很不可思議。

此時，突然找上我的是以蔬菜料理為主的餐廳。要我幫忙開發甜點菜單，也就是要製作「蔬菜蛋糕」。

在這之前，我一直認為「蛋糕來自法國，甜是理所當然的。不甜的點心不好吃」、「雖然蛋糕多數使用大量的蛋和砂糖，對身體不太好，但只要好吃，其他就不管了。」但這時候，這種想法就不得不做一百八十度的大轉變了。

然後，我開發出的是超不甜的蔬菜蛋糕。那時有機會和許多農家交談，也試吃了許多的蔬菜。

當然，有機蔬菜很好吃。但即使不是有機的，有些蔬菜也十分美味。

好吃的蔬菜必備的條件，一是當季的食材。只要是當季的蔬菜，即使不是有機，也很好吃。再者是剛採收的。我朋友住在長野縣（以農產品聞名的縣），那裡的蔬菜很好吃。因為買到的都是剛採收的蔬菜，當天立即變成料理送上餐桌。就這一點來說，東京沒有這樣的地利。因此，東京人才會嚷著「有機、有機」吧。

我的陽台菜園。享受栽種的樂趣之餘，也能欣賞陽台外的景色。

A.

B.

C.

D.

A.小黃瓜要種出漂亮的形狀實在很難。不是太胖就是太彎，沒辦法長得很一致……

B.開著白色小花的甜豌豆（Snap Pea），終於收成了。

C.櫻桃蘿蔔成熟了，收成時真的興奮得不得了！我喜歡用鹽醃櫻桃蘿蔔。法國人還會塗上奶油來吃呢！

D.檸檬還是綠的，這個品種是會變黃的。去年長出一顆，今年大豐收。

有些蔬菜沒有獲得有機認證，但一樣很美味。因為要取得認證手續要多花很多錢。因此即使栽種方法很有機，也不會刻意去取得「有機認證」，而直接出貨的農家也不少。

我學會的是，不要依賴「標示」，而是相信「自己的舌頭」。即使沒有有機認證，還是有很多很美味的蔬菜。

例如，真正美味的紅蘿蔔，做成果醬也很好吃。沒有奇怪的苦味，而且味道又濃又甜。或者，好吃的番茄做成果凍，甜味和酸味剛剛好，和水果一樣美味（也有人認為番茄是水果）。

製作以蔬菜為主的料理時，即使價格有點高，最好盡量買品質好的蔬菜。不過，如果能擅用當季的蔬菜，也可以做出許多便宜又美味的料理喔！

這麼多顆又大又黃的檸檬都是從一棵檸檬樹收成的喔！

簡單環保生活

只要把豆子浸泡在水中，就會發芽生長。長到一定高度就可以切下來吃，而且會再次增長，可以吃兩次！這不就是一種最佳的環保生活嗎？此外，也能營造綠色廚房的氛圍，帶給我們好心情。

雖然我自己沒有小孩，但希望地球的美麗能永遠不變，未來誕生的小孩都能活在安心、安全的自然環境下，這樣的願望，讓我在日常生活中時常保有環保意識。

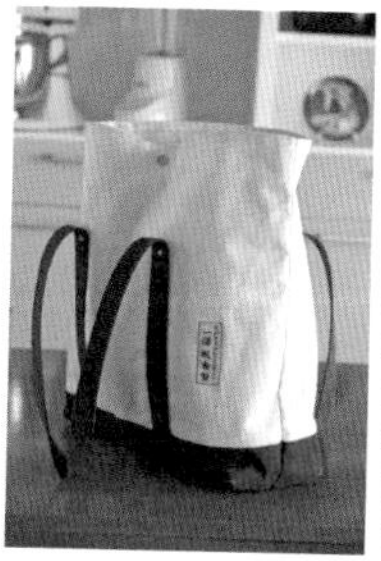

這個是父親買給我的京都「一澤帆布店」的大型手提袋，婚前就開始使用，至今超過十年，雖然很耐用，但有點重。買少量物品時，我會改用從其他店裡拿到的贈品環保袋。

首先來說說「環保袋」。環保袋不只很環保，其實也很方便。即使是很重的白蘿蔔或是牛奶，也可以背在肩上，減輕負荷；而且環保袋也比印著大大的超市名稱的塑膠袋更有時尚感，不是嗎？

只要購買自己喜歡的樣式，就可以重複使用——買對好東西，可以用很久。

我有一些東西是家中長輩或年長的朋友送給我的，甚至有用了超過二十年的包包，我現在也還在用。比起新的東西，我覺得這些「老東西」更有風格！

接著要說的是，兩個人的生活，有時食材會有些浪費。例如，買一根完整的白蘿蔔，根本吃不完。此時，我會把剩下的做成蘿蔔乾。

怎麼做？其實就是放著曬乾，如此簡單（笑）。

梅雨季節可能沒辦法，現在（十一月）則是最適合的季節。

將吃不完的白蘿蔔切成薄片，擺放在篩子上，拿到外面曬；不時翻面，曬到枯乾為止。這樣就完成了。很簡單吧？

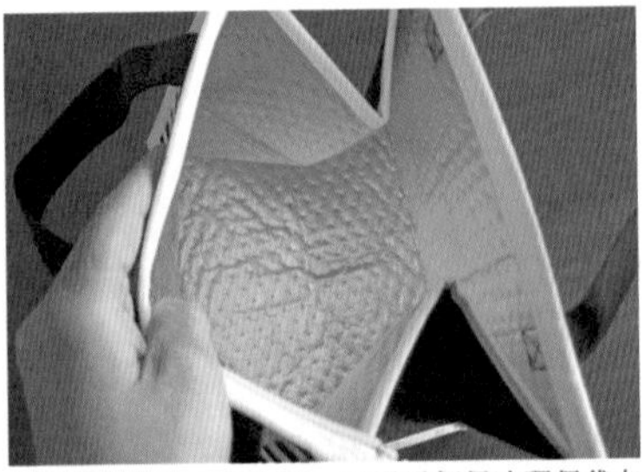

環保袋雖然是我的寶物，不過這個保冷環保袋在東京酷熱的夏季，成了活躍的主角。袋子內側因為包覆了鋁箔材質，具有保冷的效果，夏天要買生鮮食品或是蛋糕時，我就會帶出門使用。

使用小蘇打粉做居家清潔不但非常乾淨，即使家裡的狗狗到處舔來舔去，也很安心。

之後用在料理時也很簡單，只要泡水後再使用。陽光曬過後會更甜，更添美味喔！香菇也可以這麼做，尤其香菇曬過後，維生素D更多，建議大家試試看。我發現，最近出了不少蔬菜乾的書和雜誌。水果也可以曬乾喔！嗯，我也來挑戰看看吧！

最近，我也開始試做芳香劑。

因為家裡有狗，不想使用人工芳香劑。於是我用有機的精油，自己手作芳香劑。

做法很簡單。把買蛋糕時附送的保冷劑放入耐熱容器裡，用微波爐加熱，讓水分蒸發。待冷卻後，滴上幾滴精油，攪拌均勻，放入喜歡的空瓶子，就完成了。很簡單吧？

如果保冷劑不夠時，把使用過的咖啡粉放在陽光下曬乾，放入容器裡，也可以當成除臭劑。這種無法加入自己喜歡的香味，但會散發淡淡的咖啡香。

有養狗的人，客人來訪時或許會在意家裡的狗味。但前幾天我的學生來我家時，跟我說：「老師的家有精油香氛的味道呢！」

1.手作精油芳香劑材料：保冷劑與精油。

2.將保冷劑放入耐熱容器裡。

3.以微波爐加熱。

4.待冷卻後，滴上幾滴精油。

5.攪拌均勻。

6.放入喜歡的空瓶。

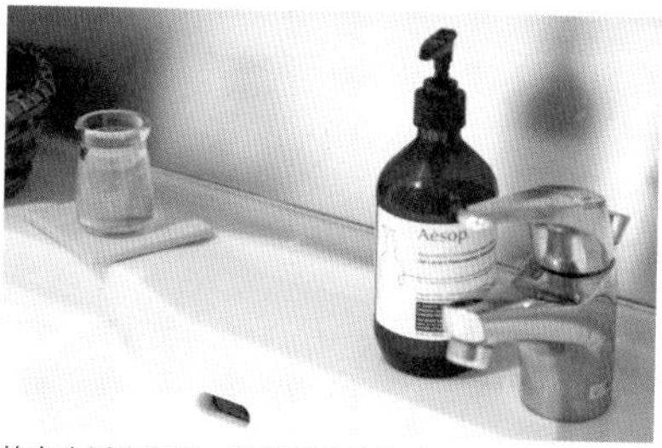

放在生活空間裡，散發淡淡的芳香。

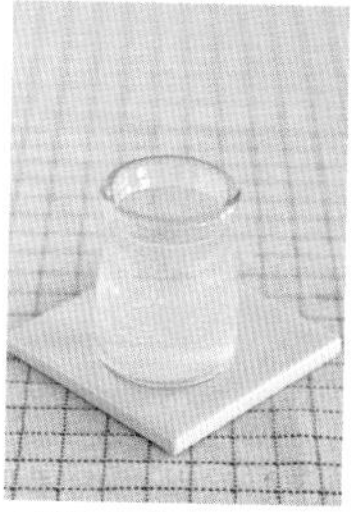
自製精油芳香劑。

草莓果凍

材料｜6人份

吉利丁粉……8g

水……100c.c.

砂糖……50g

白酒……300c.c.

蜂蜜……1大匙

檸檬汁……2小匙

香橙酒……適量

草莓……適量

作法｜

① 吉利丁粉加水50c.c.拌勻。

② 水50c.c.、砂糖、白酒250c.c.放入鍋裡加熱，滾了即可熄火，加入作法①拌勻。

③ 待作法②稍冷卻後加入蜂蜜，拌勻。

④ 完全冷卻後於作法③倒入剩餘白酒、檸檬汁、香橙酒，拌勻。

⑤ 在容器中放入草莓，倒入作法④，放進冰箱冷藏，待冷卻後即可享用。

草莓果醬

材料｜容易做的量

草莓……300g

砂糖……120g

檸檬汁……1大匙

（可按自己喜好調整）

檸檬片……2片

作法｜

① 將草莓放入琺瑯鍋裡灑上糖。放置1至2小時後，會釋出水分。

② 將檸檬片放入①，以文火至中火加熱（將浮沫去除）。

③ 煮至果醬呈黏稠狀。熄火前加入檸檬汁。

④ 將檸檬片取出。

★砂糖量可以減少，但不適合長期保存，請盡早食用。

★可以用白蘭地取代檸檬，一樣美味。

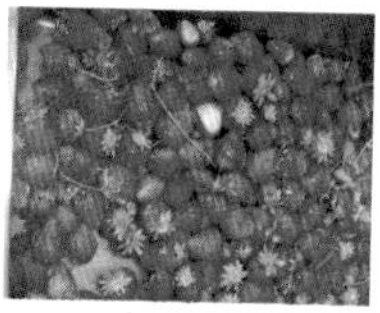

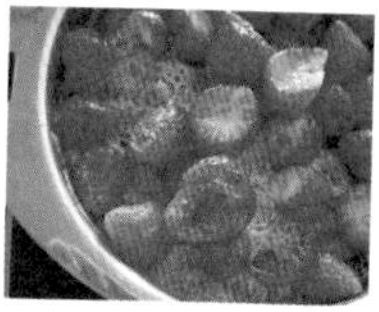

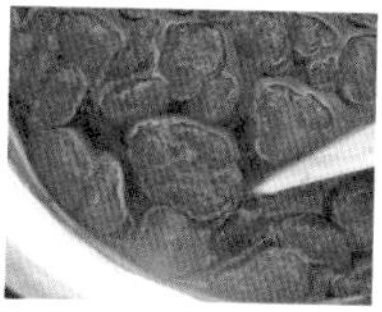

●半乾燥草莓

材料｜容易做的量

草莓……適量（可依自己喜好或需求準備）

砂糖……草莓份量的5%

檸檬汁……少許

作法｜

① 將全部的材料放入攪拌盆裡，以保鮮膜封住後放入冰箱冷藏1至2天。

② 倒入鍋裡，以文火燉10分鐘（將浮沫去除）。

③ 將草莓和草莓糖漿分開過濾。

④ 將草莓排放在烤盤上，放入攝氏100至110度的烤箱烤40到50分鐘。

⑤ 置於通風處1至2天，讓它乾燥。

★烤蛋糕時可以加，也可以直接吃，都很美味。

★容易發霉（糖很少的緣故），可分成小份量放入冷凍保存。

★草莓糖漿加牛奶稀釋，變成好喝的草莓牛奶，是我的最愛。也可以做成果凍，或是加氣泡水稀釋，或塗在鬆餅上也很好吃。

日本與台灣小吃攤大不同

前幾天，我和4F的工作人員一起去逛夜市。

台灣真好！我總是這麼覺得，當想吃一點東西填填肚子時（有一點點餓時）有好多東西可以選擇。在日本，可能只有連鎖速食店吧。

我們先在現榨的新鮮果汁行買了果汁，然後到水餃店。到了店外，我大吃一驚！水餃店大排長龍，一家客人很多，甚至排到店外，另一家卻冷冷清清。

在日本，相同店家並排的情況很少見，如果是這種狀況，生意冷清的店應該早就關店了吧。

進到店裡坐了下來，又是大吃一驚。桌上竟然放著蒜。雖然我總是大驚小怪，但在日本，尤其是OL，午餐都會避免吃很多蒜的食物。即使是晚上，除非隔天是假日，才敢吃大量的生蒜，因為很在意會有大蒜味啊~尤其是需要接待客人的行業或是要與人見面的工作，通常大家都很注意這一點。

因此，我在咖啡廳工作時，廚師請我思考中午的菜單，一定要有「無蒜」料理才行。但是台灣人好像都不在意？堆積如小山的生蒜就這麼放在桌上。

莫非即使讓對方聞到蒜味也不會覺得很失禮？還是台灣人的體質和日本人不一樣，蒜的味道不會殘留在體內？不論是前者或後者，都讓人非常的羨慕。

因為，蒜很美味啊！可以這樣無顧慮的吃，真的很好。

吃餃子時，工作人員問我：「日本沒有小吃攤嗎？」日本雖然有，但和台灣完全不一樣。沒有這種小吃攤集中的地方，頂多是一攤而已。日本以前有很多拉麵攤，最近甚至有時尚的移動咖啡屋，還有車站下面有燒烤屋，比較像是「上班族歐吉桑休息片刻的地方」（最近年輕的女性也會去）。但是，價格完全不同，不像台灣這麼便宜。那些攤子和一般店家價錢幾乎一樣。這是很大的不同。

日本一般的家庭主婦幾乎沒有機會去小攤子用餐，因此來台灣時，我總是很興奮地去逛攤販。

即使如此，我還是覺得很不可思議，台灣人總是吃個不停。走在路上，不論是早上、白天或晚上，每個地方都有飲食店，也有許多人拿著食物或是正在吃，真的讓我大開眼界！

以甜為名的番茄

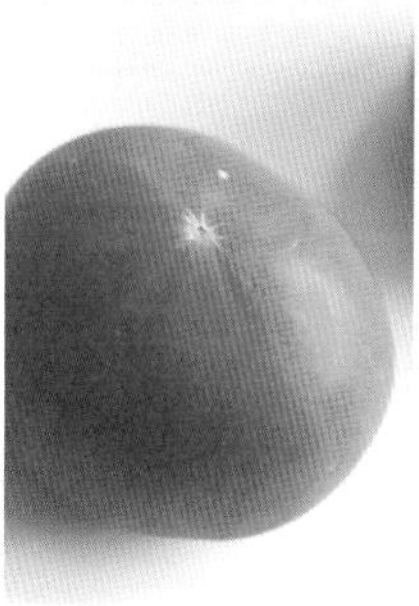

「Amera」這名字很厲害，這是從靜岡縣的方言「很甜吧」（あめーら？標準語是「甘いでしょ」）而來的，物如其名，「Amera Tomato」是很甜的番茄。但是，不光只有甜味，番茄味也很濃郁。連討厭番茄的老公也說：「好好吃喔！」完全不抗拒。

大家知道如何挑選好吃的番茄嗎？

據說番茄的原產地是南美的安地斯高原。因為生長於安地斯乾燥荒野的土地，在水分極少的狀態下長成的番茄最美味。

好番茄最簡單的分辨方法是，看番茄的表面。仔細看會有縱向的條紋，這就是所謂的「美味的印記」。其他分辨美味番茄的方法還有「根蒂部分看起來水分飽滿」或是「果肉很結實」或是「放入水裡會先浮後沉」（因為糖度高、比重重，因此會沉入水裡）等。下次去市場時，記得仔細看番茄的表面喔！

現在番茄的種類很多。

除了紅色的番茄外，還有綠色、黃色、橘色，甚至有偏黑的番茄。大致可分成三種：紅色系、粉色系、綠色系。

在日本最適合生食的是粉色系。特色是皮薄、果肉柔軟。紅色系番茄的果肉和皮都較硬，加熱後更添美味。最有名的是義大利料理很常使用的細長形的「San Marzano」。不過，現在品種改良技術進步，紅色系也有許多適合生食的番茄。綠色系在日本比較不常見，一般的蔬果店買不到。因此，我也只有在餐廳才吃過，大部分會用炸或烤的方式來料理。

如果買到適合生食的美味番茄，我認為簡單沖洗後灑鹽吃是最好吃的！

如果吃膩了鹽味番茄，也可以做成各種沙拉，在這裡就示範一道和番茄很搭的沙拉醬作法（原本我是打算不教人的）。請務必試試看。

最高品質の
アメーラ
アメーラ
TOMATO

●洋蔥風味沙拉醬

材料｜一般容易做的量

洋蔥……200g（約一個中型洋蔥）
糖……18g
胡椒……2g
鹽……11g
醋……125c.c.
黃芥末……4g
沙拉油或橄欖油……180c.c.
醬油……少許

作法｜

① 沿將洋蔥磨成泥。
② 加入糖、胡椒、鹽、醋、黃芥末混勻。
③ 用打蛋器邊攪拌作法②，一邊慢慢拌入油。
④ 最後加醬油（數滴）混合後即可。

★使用食物調理機或果汁機，做法更簡單。只要把洋蔥切成適量大小，放入攪碎，再把油之外的材料全部放進去，再攪拌，最後加入油，再繼續攪拌，最後滴入醬油即可。

★剛做好時洋蔥的辣味比較重，放半天到一天左右，待辣味散去，就會變成溫和順口的美味沙拉醬喔。

★全部用橄欖油來做，放入冷藏時會凝固。只要拿出來放在室溫，待其融化即可，不喜歡油脂凝固的人可以用沙拉油來做，或是將沙拉油和橄欖油混合後使用。

秋天的味覺

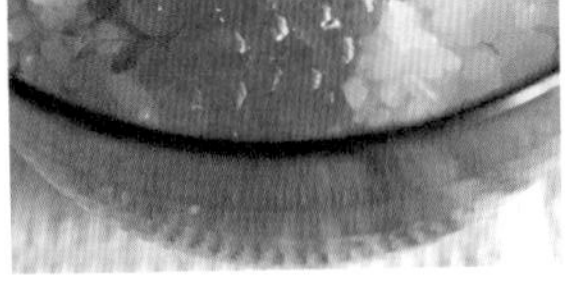

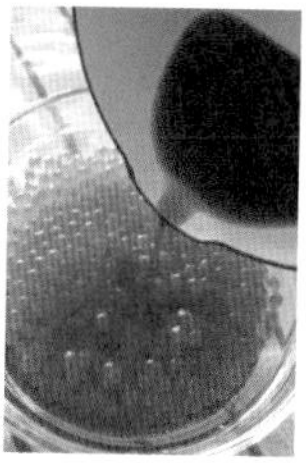

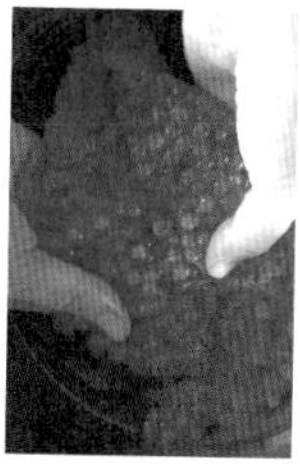

秋天是我最喜歡的季節。

因為食物都很美味，在日本甚至有「味覺之秋」的說法。

秋天是盛產鮭魚卵的季節，超愛鮭魚卵的我，實在很想在熱騰騰的白飯上，盛上滿滿的鮭魚卵後大塊朵頤，但因為實在太貴了……所以我問了好友，她對我說：「那就自己做醬油醃鮭魚吧！」

於是我向她請教作法之後，立刻自己動手試做。

首先，先準備一盆微溫的鹽水，在溫水裡小心地把魚卵一顆顆剝下。雖然溫度高，魚卵外膜會縮小，魚卵較容易剝離，但是這樣魚卵會變硬。所以，雖然麻煩，最好還是盡量以低溫的鹽水，小心翼翼地把魚卵剝下。

將剝離後的魚卵洗乾淨後（此時魚卵會呈白濁色，只要泡醬油水就會回復，不用擔心），將它放入醬油、味醂、酒等事先做好的汁液內浸泡一個晚上即可！很簡單吧？

我很後悔，為什麼之前都嫌「麻煩」，而沒有自己做呢？

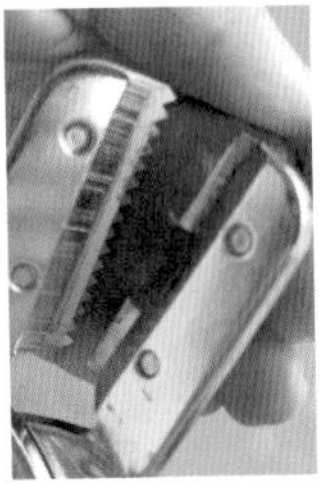

而且這個季節做好，可以冷凍保存，過年時再享用。

另外，提到秋天一定少不了栗子。

我很喜歡栗子飯。雖然剝栗子殼很麻煩，但只要有「它」就沒問題，那就是「栗子小僧」，這是專剝栗子皮的工具。雖然僅有此一用途，但喜歡栗子的朋友，每個人家裡幾乎都必備這項工具。

我家的栗子飯非常的簡單。只需要準備：

米（三杯）

味醂（三大匙）

鹽（二小匙）

剝去外皮的栗子十個（或是自己喜歡的量）

洗好米之後，在水裡加入味醂和鹽混合，再把栗子放在米上，按下開關即可。之後，就交給電鍋了。

我家的電鍋只有在煮栗子飯時才會出現。平常是用鑄鐵鍋煮飯。雖然我也用鑄鐵鍋煮過，但栗子就是不會鬆鬆軟軟的。我問了和食料理的師傅，他說：「即使鍋蓋再怎麼重，壓力還是不夠。一定要用電鍋或是壓力鍋來煮栗子飯。」

所以一到秋天，就是電鍋活躍的季節。

我的胃也很活躍。

美味食材很多的日本秋天。要注意，不要吃太多囉！

生日吃「割包」慶祝

4F工作人員送我的果醬，酸甜可口，香氣十足！搭配香草冰淇淋也非常適合，搭配優格一起吃也很美味！這種果香是日本沒有的。

說一下私事，有次因為行程關係，生日期間還是到台北上課。

已經是第四十二次生日（害羞），其實沒什麼好慶祝的。

生日當天早上，我和平常一樣與4F的工作人員一起開始課前的準備，負責的Soac用鼻子哼著歌走了過來。

「Happy Birthday……」

「耶？為什麼會知道呢？」原來是因為臉書的關係。

當天很多人好奇的問我：「老師幾歲了啊？」

是的，4F的工作人員都很年輕、也對我很友善，仔細想想，如果我早熟一點，十六、七歲就生小孩的話，或許孩子都和他們一樣大了。就我見過的日本年輕人和台灣的年輕人來說，我覺得台灣的年輕人在年長的人面前不會怯場，也很勇於說出自己的意見，工作時的態度成熟穩重，而且很有自己的理想，或許比我還要成熟呢！

後來Soac交代完上課的注意事項：「下午上完課的點心，淋上果醬再端出去喔！」然後說「我去買個東西」後，就出門了。

我一邊準備甜點，對幫我口譯的Meli說：「對了，上次來因為肚子很飽，所以沒吃到割包，好想吃喔！」她立即對我說：「老師，今天上完課有空嗎？一起去吃吧！」真是有行動力啊，想去就去！這一點真的是台灣人的優點。

上完課後，和工作人員一起散步去師大。

沿路上有很多像小吃攤的店家。

這在東京是無法想像的。東京只有在特殊的祭典或是活動時才會有整排的攤販。而且令我吃驚的是，人好多啊！就像東京尖峰時段的電車！我們在人群的夾縫中前進，終於來到割包店。我買了Meli推薦的半肥半瘦的割包。店裡的大哥從冒著熱氣的蒸籠裡拿出現蒸的割包，迅速的把一半肥肉一半瘦肉的肉餡放進去。

接著我們往公園移動。

大家在公園吃割包。麵包軟、肉多汁，真好吃！香菜更添加了割包的風味。料理就是要這樣口感分明。這香味很重要！

和餐廳裡的料理有著完全不同的感覺，真的很好吃！

我已經好幾年不曾在外面吃東西了。吃完後，他們對我說：「敦子老師，請把眼睛閉上。」、「可以張開了！」當我張開眼睛時，「Happy Birthday！」

「砰、砰、砰！」（拉砲的聲音）。

令人開心的surprise。

我還收到美食家Soac送的生日禮物呢！是台灣最好吃的芭樂果醬。

「淋在冰淇淋上很好吃喔！」

原來這就是下午Soac去買的東西。

吃「割包」迎接生日真的是新鮮又愉快的經驗。心情宛如回到學生時代。

隔天上課時我跟學生說：「昨天吃了割包喔！」學生紛紛跟我說，還有更好吃的店喔，下次一定要試試！

回到日本後，再來享受淋上芭樂果醬的冰淇淋吧！

逛台灣的市場

因為我說：「好想去逛台灣的市場。」所以4F的工作人員Jennifer和Meli帶我去逛市場。

台灣人好親切，看到我在拍照，就問我：「要吃看看這個嗎？」接著從冒著熱氣的蒸爐裡拿出一塊黑黑的，我沒看過的東西到我面前。

把外面的硬殼剝開後，裡面出現白白的東西，放入嘴裡，有淡淡的甜味，脆脆的口感，和栗子及百合根有點相似。

栗子大家應該都知道，百合根則是日本過年時會看到的食材。如字面的意思，是百合花的根。是高級食材，我可能一年就吃這麼一次。

這個像高級食材的東西，就小山一樣滿滿的堆在爐上蒸。

「把這個用在4F的料理課吧！放在茶碗蒸裡應該不錯。」我心想。

其實，回到日本我也做了調查，原來菱角在日本被稱為「菱實」（別名水栗），在九州也有栽種。甚至有古老的傳說，以前的忍者把菱角的殼曬乾後，將尖尖的地方當成武器，撒在路面，刺傷追來的敵人的腳底……由此看來，或許以前菱角是日本人熟悉的植物。

之後四處逛，市場有各式各

樣的食物。當然也有許多我熟悉的食材，但是賣法不一樣。有些店家賣各式各樣的食材，也有只賣薑和蒜這兩樣東西的專賣店。

雖然我之前也想像過，但賣肉的攤子果然很不一樣。在日本，一般主婦買菜的地方，肉都很整齊美麗的被包成一盒，或是將要賣的部分，切得很漂亮，放在盤子上，店家會將客人想買的部分裝入塑膠袋或用紙包好。

但在台灣，一大塊的肉就這麼掛在半空。連我沒看過的內臟也堂而皇之地陳列著。專賣雞肉的攤子，一旁是還活著的雞，還有被綁著待宰的雞和已經變成「雞肉」的雞。我看了很震驚，但也多少切身感受到人類靠這些生命而活著。

日本最近很流行「食育」，並且有許多相關的活動和學習會。所謂的食育是指藉由各種體驗，學習「食」的知識及選擇「食物」的能力，以培育有健全飲食生活的人，或藉由食物來豐富小孩的身心。

比起這些活動，去一趟台灣的市場實地參觀，可以學到更多，也可以培育年輕人更愛惜食物的習慣吧，我突然有這樣的感觸。

回到主題，台灣的市場還有一點讓我覺得很驚訝的是，蔬菜和魚的種類非常多。有許多我沒見過的東西，我深深感受到：「我的知識還很不足啊！」

萬國牛肉

南園
甜酒釀

新大久保韓國街

前些日子，我去了東京的新大久保。雖然聽了許多傳聞，但沒想到這麼厲害。

是怎麼個厲害法呢？到了這裡，不禁讓我覺得：「這裡真的是日本嗎？」有許多韓國料理店和韓國食材店，店員百分之九十

以上應該是韓國人（雖然沒有證實），幾乎都能說很流暢的日文，當然其中也有不懂日文的人。

還有，女性很多。我和朋友約在新大久保車站的出口，車站外一堆女生，從年輕的女性到熟女（也就是歐巴桑），讓我有「今天有什麼祭典嗎？」的錯覺。總之，人很多。

據我所知，日本的「韓流風潮」始於二〇〇三年ＮＨＫ播放的〈冬季戀歌〉，之後韓劇開始浸透，許多年長的女性成為戲中男主角裴勇俊的粉絲，掀起一股「勇樣熱潮」。當我在越南時，曾被韓國的生意人說：「妳是日本人？也喜歡勇樣對吧？」當時我還沒有「自己也是歐巴桑」的自覺，我記得我回答：「不，勇樣是歐巴桑們的偶像吧！」

我對韓劇類似的情節設定（有錢男配窮美女，或相反）沒興趣，因為我個人完全不是「韓流迷」，所以很懷疑「真的有那麼瘋狂的韓流嗎？」一到新大久保，我終於相信了。只是，並非全日本都是「韓流迷」喔！

我朋友對新大久保一帶很熟，由他帶路一一為我介紹，首先到超市買韓國食材。

先買了韓式炒年糕的零嘴，是味道像韓國又甜又辣的炒年糕的洋芋片。接下來是韓國風關東煮，是魚肉磨碎做成的，味道有點像是甜辣的零嘴和日本的炸天婦羅（魚肉泥做的，台灣應該是叫作「甜不辣」）的綜合體，只是味道比較淡。

果然同是亞洲人，喜歡的食物很像。

之後，我們到韓國料理店用餐。那是一間像是居酒屋，帶著休閒風的店家。點了名為「samgyopusaru」的烤豬肉和炒年糕，還有韓式什錦煎餅。

讓我覺得很有趣的是，雖然

雖是平價餐廳，但也和韓國一樣會附上各種小菜，也有服務生的桌邊燒烤服務。

這道菜顏色看起來很紅，吃起來卻是甜甜辣辣的，很好吃。

是平價（午餐一人一千日圓左右）的店，但是由店員來服務，幫客人烤肉。這應該就是韓國風格吧？

我以前的印象，「韓國料理」就是「燒烤牛肉」，沒想到和我的印象完全不同，可以吃到很多蔬菜，也有很多豬肉和海鮮。果然因為同是亞洲人，有一些和日本料理相似的部分，大部分的料理使用大量的蒜和辣椒、麻

我們去的韓國餐廳感覺就像到了韓國。

油（因為味道很強，很好吃！）。

坐在我們前面位置的二個女生，化著和韓國偶像一樣的濃妝，讓我以為「咦？莫非是韓國人？」（後來證明是日本人）。

店裡有一半是歐巴桑，有一半是年輕的男女情侶，完全看不到只有男性的組合。

用完餐後，接著去逛韓國化妝品店。

韓國的化妝品，即使等級相同（有相同的成分），因為物價較低，感覺便宜許多，韓國的女性似乎比日本女性更重視外表，所以化妝品種

我買的韓國食材。

餐後咖啡畫上可愛的圖案。

韓國化妝品在日本也很流行，這是各式各樣的面膜。

類也很多（竟然還含有蝸牛液和毒蛇液的化妝品，好嚇人啊！）。

或許是我的主觀印象，日本、韓國、台灣人中，我覺得台灣人的皮膚最漂亮。膚色最白的是日本人，化妝技巧術最好的是韓國人？

雖然人在日本，去一趟新大久保卻可以感受到韓國旅行的氣氛。偶爾去玩玩也很不錯呢！

麵包教室「vivant」

最近，我去了麵包教室上課。
以前曾學過做麵包，也做過乾酵母的麵包，但這是第一次嘗試做天然酵母麵包。
這裡雖然是麵包教室，也賣麵包。不，正確來說應該是麵包店，但也設有麵包教室。地點位於埼玉縣，離我住的東京，搭

電車約二十分鐘。

不過這家麵包店只賣「培果」（begal）。雖然說只賣培果，但其實是各種不同口味的培果麵包。有甜的、各種熟食口味的。我每次都很佩服，原來光是培果麵包，也可以做出這麼多種不同的口味啊！

回歸正題，雖然說是「天然酵母」，但其實有很多種類。大致可分成「自家製天然酵母」和「已發酵天然酵母」。「自家製」正如字面的意思，由自己培養酵母，也就是從水果、穀物或是優格等食材來培育酵母菌。這種方式可以體會「自己培育的喔！」的真實感，依食材的不同，做出來的麵包也不同，新鮮又有趣！

比起其他的麵包，天然酵母的麵包味道較濃厚，口感佳。但缺點是酵母培育耗時又不安定，有時會失敗。「已發酵的天然酵母」種類很多，最有名的好像是「星野天然酵母」。

這個「星野天然酵母」是很方便的材料。雖然比起立即可使用的乾酵母麻煩（酵母處於沉睡狀態，要把它叫醒才行），但比天然酵母容易製作，味道也比乾酵母濃郁，口感更好。我個人喜歡厚實香Q的口感，有點接近白飯的感覺。當然，每個人都有自己的喜好，雖然我也不討厭蓬鬆口感的麵包，但更愛這種有重量又口感扎實的麵包。

Vivant的麵包教室還分成「葡萄乾自家製酵母」和「星野天然酵母」二種課程，店裡販賣的培果也是由這二種酵母做成的。上麵包課很快樂，另一個樂趣是有太多不同口味的培果可選擇，回家時甚至煩惱著要買哪一種口味啊？台灣的麵包大部分是那種鬆軟的麵包，有機會的話，也請一定要試試這種口感扎實的麵包。

每天新鮮出爐的培果，很快就賣光。

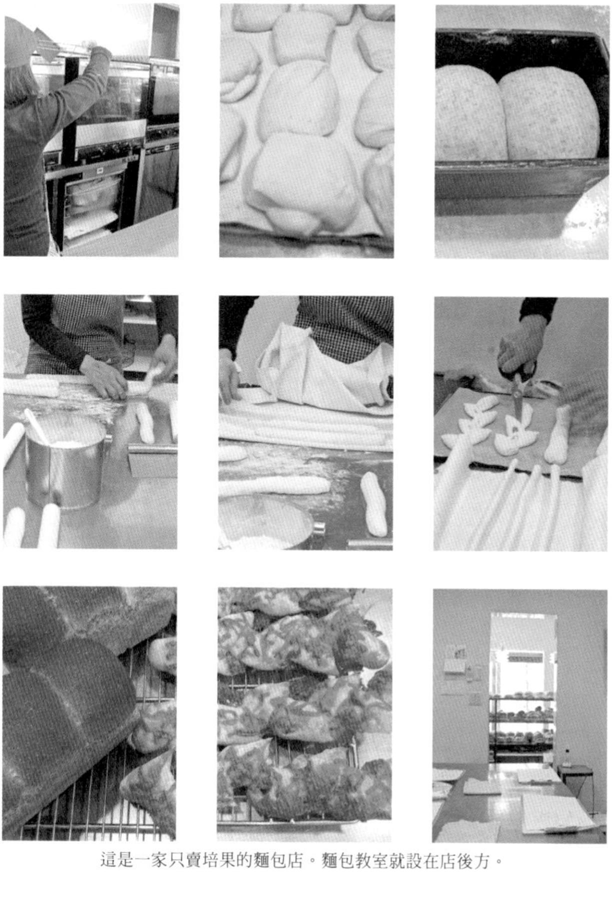

這是一家只賣培果的麵包店。麵包教室就設在店後方。

和餐廳打交道的方法

我最愛上餐廳吃飯！

至今我依然記得很清楚，小時候父親帶我去餐廳時，教我「義大利麵要用叉子捲一捲再吃」。當我捲起義大利麵把它放進嘴裡時，覺得平常吃的義大利麵肉醬特別好吃。以前在家裡吃義大利麵都不會捲捲捲，光這個動作竟然就讓我感到美味許多。

對我來說，在餐廳吃飯不是「日常」的一部分，而有著強烈的「滿足感」。當然，最近有時會因為「懶得煮飯，就到外面吃吧」。

我想這是台灣和日本最大的差異之一吧。台灣的飲食店之多，價格便宜又隨手可得，簡直是日常生活的一部分，這點讓我十分吃驚。雖然日本最近也有很多店慢慢展開了次品牌的便宜餐廳，但提到便宜的店，基本上還是以連鎖的速食店居多，種類的變化還很欠缺。

說到最近我常去的餐廳，都是「我很喜歡、會定期想去的地方」。

外出用餐是我生活很重要的調劑，也可以為我的食譜帶來很棒的靈感，而且心情也會變好。不過也要考量經濟狀況，偶爾為之。

雖然這麼說，但也得考量荷包的狀況，其實無法那麼常外食。
但好的店，會記住「客人的臉」喔！

被店家記住真的很幸運。而且有不少好處呢！像是預約時會比較通融，會事前知道你不喜歡的食物，或是喜歡的食物。

最近我最喜歡的店家之一是「分けとく山 飯倉片町」。
這家店是出了不少料理書的知名主廚野崎洋光經營的次品牌店。當然價格比本店要平價合理。對我來說十分有魅力。
第一次去了之後很喜歡，隔了三、四個月又去時，壽司師傅竟然記得我們。對我來說，記得客人的臉等於很重視客人的店。
當然，價格很便宜，客人進出頻繁的店就不一定了。
這家店的味道很溫和，廚師人也很好。
對於每一道菜，我總是追問：「這裡面放了什麼？如何做出這樣的味道？」對方也不厭其煩的微笑著回答我每一個問題。最近因為知道「我一定會問」，所以主動開口跟我說明。
廚師的個性也是享受美食的重要一環。

按照他教我的方法，回家試做，也是另一種樂趣。

為了不忘記吃過些什麼，我會拍照，回到家後立即做筆記，例如：「今天的飯加了小魚和新茶。廚師說新茶要在飯煮好後再放入攪拌即可。」之類的。

當然，不可能每一道料理全部重現，但我自己很享受自家的「分けとく山　a　la敦子」！

婚禮的祝福

雖然是專職主婦，但我其實很忙呢（笑）！

前陣子去台北時，料理教室的年輕工作人員對我說：「敦子真好，是專職主婦。」但其實我除了平常的家事外，還有不少的工作呢（笑）！

這次受到我先生的女性部屬邀請，參加她的結婚典禮。這是社交的一環，也算是某種工作。

參加婚宴這樣的喜事，當然我也很開心。因為不是自己朋友結婚，在決定穿著時，也無法「按自己喜好」來選擇。先生年紀也不小了，如果被同事說：「明明年紀不小了（都是歐巴桑了），佐藤先生的太太穿著有點怪。」那會很不好意思啊！不知為什麼，在日本，女性的獨立自主還不太進步（現在的年輕一輩已經變了，有工作的女性也增加了），別人不稱我「敦子小姐」，大多是以「佐藤先生的太太」的身分被看待。換言之，這次我也是扮演「佐藤先生的太太」出席這場結婚典禮。

因此，我穿了和服出門（和服其實會讓人行動不太方便……）。當然「和服也不是隨隨便便穿就行」，有參加正式場合的「正式和服」。

最近的結婚典禮花樣很多，也有各種流行的樣式。

以前結婚典禮多半在專門辦結婚典禮的場地，或是在飯店舉行。我想是基於一生只有一次，豪華一點也不為過的想法。而

且結婚是兩個家族的結合，換句話說，結婚典禮不只是為了兩個人而舉行的儀式。只是，約從二十年前開始，開始流行自己風格的結婚典禮，十年前結婚的我，是在餐廳舉辦了人前式（在眾人面前舉行儀式的婚禮）的結婚儀式。

我們對於結婚典禮的想法是，基本上雖然要請媒人（介紹人），但我們沒有刻意拘泥這點。邀請函上的邀請人不是雙方家長，而是自己的名字；餐廳選的是可以輕鬆、快樂用餐的氣氛。（剛好是現在流行的風格）因為我們沒有特殊的宗教信仰（日本人正月到神社參拜，結婚採基督教儀式，死時則請和尚來誦經，這樣的人非常多），所以沒有在神面前發誓，而是在客人的面前宣誓。

有許多抱持傳統想法的長輩（尤其是鄉下地方）或許會很驚訝，但現在這樣的新人很多。

這次的新人，採用的是非常「標準」的結婚典禮。

首先在教會或神社（很多結婚場地或飯店同時設有教堂或神社）舉行儀式，接著移到別的地方宴客。

結婚會場（飯店）發展的越來越多元，有些地方甚至可

以立即把典禮上拍的照片在結束時沖洗出來，或是立刻在會場播放影片，真的是高科技時代！（驚）

以前的結婚宴會，如果是採法式料理，一定會有焗烤伊勢龍蝦。因為紅色的蝦代表喜事，伊勢蝦又是高級食材。但是，冷掉的伊勢蝦，又硬又不好吃。

或許是這樣的意見很多？不知道主辦人是怎麼想的，這次的主菜是牛排。結婚會場的工作人員也花費了很多心思吧！

去參加結婚典禮，通常都會收到祝賀的回禮。

以前多半偏好「最好很重甚至拿不回去」的回禮，現在則流行禮品目錄（這次也是）。參加的賓客可以中挑選自己喜歡或實用的禮品，填在附上的回函明信片上寄回，就會收到禮品。

關於婚禮的回禮，小時候覺得很不可思議的東西，應該是柴魚片和鯛魚形狀的砂糖。柴魚片的發音和「勝男武士」相同，象徵吉利；而鯛魚的發音和「恭喜」接近，代表喜氣。我想是因為真的鯛魚容易腐爛，所以才用砂糖做成鯛魚的形狀。

現在沒有依照傳統的人也很多，所以也有用「柴魚片包」取代「柴魚」的例子。因為現在很少家庭會買整塊的柴魚回來自己削成片，幾乎沒有家庭會有柴魚刨片器。因此，才改成方便的柴魚片包裝。

還有回禮的甜點，大部分是可以保存一段時間的常溫蛋糕。早期大多是「年輪蛋糕」，一層一層的代表夫婦年年感情圓滿的意思。

「原來如此！」感受到原來有這樣含意的同時，不禁覺得「以前的日本人很喜歡同音字啊？」

相較之下，地方的結婚典禮大多比大都市重視傳統習俗，婚禮也比較豪華。

這次的新娘真的很美，是一場很完美的婚禮。

我個人認為完美的婚禮，最重要的是美麗的新娘和美味的餐點。

最後，說一下有點上不了台面的事。

我和出版社的編輯談到婚禮的紅包時，好奇的問：「結婚典禮雖然豪華一點好，但很花錢。在台灣通常會包多少紅包？」她回答：「大約五千到一萬日圓左右吧？」

是喔！在日本通常一個人會包三萬日圓。

如果職位較高或較年長，或是和新郎新娘的關係越接近，包的越多。（但是，這也會因為業種或地區而異。這裡說的是東京一般上班族的標準。）

如果紅包的金額可以採用台灣的標準，每個月都有婚宴我也不會排斥吧！我暗自這麼想著。

烏龍麵是新郎和新娘出生地的名產，因此婚禮回禮就送了顏色相當可愛的烏龍麵。

禮品目錄。

最近出席的喜宴大多是法式風格，右下的蛋糕是婚禮蛋糕切片。
以前喜宴上的蛋糕塔大多是假的，做個樣子切下而已，但現在流行的是實際吃得到的蛋糕，就是從婚禮蛋糕塔切下的。

黑豆認養制度

我先生的老家在栃木縣。

栃木縣最有名的地方是日光東照宮，也就是祭祀戰國時代武將德川家康而聞名的地方。

從東京開高速公路，約需一個小時半的車程。

提到高速公路，讓我很吃驚的是，從桃園機場走高速公路到台北有經過收費站，但台北市內的高速公路是不用收費的嗎？在日本光移動就要花錢。即使是市中心的首都高速公路也要七百日圓起跳，這個費用都可以在便宜的餐廳吃一頓午餐了。到我先生的老家，光高速公路過路費就要兩千四百五十日圓。可以吃一頓稍微豪華的午餐了。

這次我們去栃木是因為知道黑豆認養的制度，由ＪＡ（日本農協）主辦，只要出錢（五千日圓）就可以認養一個區塊的黑豆田。而且我們只要去採收就可以了，換句話說，有人幫我們播種、照顧，真是「太完美了」啊！

這樣的制度在日本滿盛行的，有些是由農家個人經營，也有由農協或鄉鎮公所為當地而舉辦的。

我申請的基本上是「自己採收」，也有些地方是幫你採收並且寄送到府。不限農產品，水產品和畜產品也有各式各樣的認養制度。

我們一大早起床，興奮地來到黑豆田。

舉目所見全部是田、田、田。從東京開車一個半小時，就來到這麼鄉下的地方。

雖然沒有台灣這麼集中，但日本也是人口都集中在都市，特別是年輕人幾乎都往市移居。不過，現在開始有一些小小的反動，也有人認為在鄉下生活是很酷的一件事。但是，要找到工作卻不容易，這是最大的問題。

在報到的帳篷處，正在發放煮好的黑豆，還有黑豆做成的豆漿。

煮好的黑豆，有淡淡的苦味，也有甜味，味道很濃、很好吃。黑豆漿也很好喝，但我不是很愛喝豆漿，所以心想著：「我希望不是做成豆漿，而是豆腐啊！」

接下來就是採收。採收黑豆時，需要不小的力道。隔天肯定會全身肌肉酸痛。

接著從拔下來的黑豆枝，把一顆顆的黑豆取出。

今年有點生長過盛，形狀不是很美。或許因為氣候的關係，一株裡成熟的豆子量有點少。這是無法控制的天然因素。

說到黑豆，最先聯想到的是過年時，用乾燥的黑豆煮成的甜豆。但是，剛採收的黑豆跟毛豆一樣，用鹽搓揉後水煮，再灑一點鹽就很好吃。

生的黑豆仁是紅色的，煮熟之後就變成黑黑綠綠的了。

薄薄的皮，黑黑的有點苦，但黑皮裡含有花青素（茶多酚的一種），有抗氧化作用。

而且豆類含有大量的異黃酮，女性要多吃。因為異黃酮和女性荷爾蒙有相同的功效。

採收的樂趣加上吃的樂趣，而且對身體很好，想到這些好處，明年也繼續認養黑豆吧！

冬日盛事

這可能是我獨斷的想法，日本的街道一過聖誕節，馬上就換上和風的氛圍了。

大家會在正月做這樣的裝飾。

正月的東京。

提到冬天的盛事，最先想到的是新年，再來是聖誕節，對吧？

日本人很喜歡祭典，雖然不是基督徒也照樣慶祝聖誕節。歐洲的聖誕節幾乎是家族團聚的日子，但在日本則是「戀人」的節日。

最近在家舉行家庭派對的人變多了，也有許多戀人（或是夫婦）會預約餐廳一起過聖誕夜。有小孩的家庭，大部分會準備蛋糕和烤雞在家慶祝。因此，比起聖誕節當天，聖誕夜更受到重視。

還有，紐約洛克斐勒中心的聖誕樹會點燈直到一月初，但在日本過了二十五日後，就完全轉換成「過年」氣氛。過年的主菜是「日本年菜」（お節料理）和雜煮，最近有不少家庭不再吃年菜。

事實上，我家也是。

年菜的由來有很多說法，其中之一是，為了讓太太在過年期間能夠休息，於是使用醋醃方式和較濃的調味，讓菜能夠多放幾天，過年期間就可以一直吃年菜（現在超市幾乎初二就開始營業，以前都休息到一月四日，所以買不到食材）。

這樣的習慣已經不符合現今的時代。而且現在幾乎所有的家庭正月放上鏡餅裝飾。小時候去阿嬤家，那裡的鏡餅上是放了真的橘子。現在市面上有賣這種在假年糕外殼裡放真空包年糕，上面裝飾假橘子的東西。另外有開鏡的儀式，把這個用來保佑大家平安的鏡餅，煮成紅豆年糕湯或雜煮。

都直接購買百貨公司和超市現做的年菜了吧！

我母親也不太做年菜，但每年都會做的固定菜色是甜栗子、松前漬（日本函館地區的傳統醬菜，用昆布絲加上鯡魚卵，以味醂和醬油醃漬），還有她的獨門年菜——甜辣白蘿蔔燉牛肉。另外就是雜煮，這也是日本傳統年菜，將日式年糕加入其他食材一同煮成湯。

雜煮也有很多種。東京風的通常是清湯（透明的清湯）加上雞肉、正方形的年糕、三葉菜、柚子之類的清爽口味。我的老家，外公是東北出身，東北的雜煮是醬油口味，並且會加很多蔬菜。

小時候，當我第一次吃到東京的雜煮時，忍不住想：「這家人是不是很窮啊」（笑）。

往關西走，則是越來越多白味噌口味的雜煮。

不只是湯底調味不同，年糕也有方的、圓的，各式各樣的形狀。讓我想挑戰看看卻又有點卻步的是香川縣的雜煮。

雖然湯底是白味噌，但裡面放的卻是包了餡（當然是甜的）的湯圓。

這到底是甜點？還是正餐？看來還有很多我不知道的食物呢！

A.

B.

C.

A.這是壽喜燒。最近準備年菜的家庭變少了，大家不是去百貨公司買現成，就是準備和平常一樣的料理。

B.今年過年在婆家過，所以由婆婆準備。這是過年常吃的料理筑前煮。

C.提到冬天就會想到柚子。柚子泡澡很舒服，柚子皮做成醬菜，放入湯裡香氣十足又美味。這是先生朋友家院子種的。

另外還有一種說不上是習俗的習慣，就是冬至要吃南瓜。為什麼呢？以前冬天幾乎沒辦法栽種、收穫西洋蔬菜，冰箱也不像現在這麼普及，也沒有進口蔬菜。到了冬天可以吃的蔬菜只有南瓜；再者，南瓜易保存，即使放久了，也不會像其他蔬菜，營養幾乎不會流失。

因此，才有了冬天吃南瓜的習慣。「據說冬至吃南瓜就不會感冒」，是因為南瓜富含胡蘿蔔素和維生素C吧！

過年還有一個習俗是泡柚子浴。把柚子放到熱水裡，不但有香味，還可以讓身體暖和。

以前的人有很多很棒的生活小智慧啊！

●蘿蔔燉牛肉

材料｜４人份

白蘿蔔……1/2根（日本的白蘿蔔比台灣的粗又長。一人份大約直徑７~８公分，厚２~３公分一個，換成台灣的白蘿蔔，一個人約２個。）

薑……1根（大拇指大小）

牛肉薄片……250g

料理酒……100c.c.

醬油……60c.c.（40c.c.）

砂糖……3大匙（２大匙）

水……剛好淹過白蘿蔔的量

太白粉……適量

作法｜

① 將白蘿蔔削皮後切成2~3公分厚，放入鍋裡燉煮。

② 將削皮後切成薄片或絲的薑放入，牛肉及全部的調味料也放進去，加水讓白蘿蔔整個浸泡在水裡，煮沸。

③ 將浮沫去除，由文火調成中火，蓋上小一圈的鍋蓋，煮40分鐘左右。讓湯對流，食材完全都浸到，才會入味。途中將白蘿蔔上下翻面，讓味道能均勻滲透。（如水分蒸發了，再適度加水）

④ 待白蘿蔔變成美味的茶色且變軟時就可以了。最後用太白粉芶芡。

★因為是年節料理，為了能保存久一點，調味比較濃。對台灣人來說或許味道重了些。可以先用括弧裡較少的分量來做，等快煮好時嘗看看，如果味道不夠再加。

★喜歡重口味的人，也可以按自己的喜好來調整。

重要的朋友

朋友住在被自然包圍的小鎮。曾在家裡開設甜點教室，學生口耳相傳之下，做了結婚典禮的甜點。當時忙不過來，所以我也去幫忙。

有一位在藍帶學校學料理時認識的朋友，現在住在長野縣。這位朋友原本是名古屋人，因為嚮往「自然的生活」，而搬到長野定居。

我很驚訝，「原來世界上有可以按自己的心意，優雅過日子的人啊」！

我每年會去這位朋友的家裡拜訪一至二次，而且還會住在她家。我們會一起做甜點，一起做菜，過得很開心。有時還會幫忙她工作（製作結婚典禮用的甜點）。

因為接觸大自然的環境，再加上她的個性，讓我每次回家前身心都備受療癒。

因此，每當我碰到討厭的事，或是工作遇到瓶頸時，都會去找她，她就像是我「心靈寄託的寺廟」。

她住的長野縣諏訪郡原村可以看到富士山、南阿爾卑斯山、北阿爾卑斯山、八岳，是個被大自然包圍的小鎮，但距離東京卻很近，走高速公路只要兩、三個小時的車程。也因為是蔬菜的產地，可以買到新鮮又美味，卻很便宜的蔬菜，真的是太棒了。

鄉下的夜晚很安靜，幾乎沒有聲音，對於住在東京繁榮吵雜地區的我來說，甚至覺得有點可怕。

那個地方夏天很涼爽，甚至連冷氣也不需要（或許是因為全球暖化的關係，偶爾需要電風扇），冬天則是沒有暖爐和瓦斯暖氣，就會冷到無法生活。

雖然是日本的一部分，但很乾燥，氣候像歐洲一樣。

這位朋友也是個很會協調和招待的人，所以我私下稱她為我的「老師」。

特別是招待客人的厲害程度簡直是出類拔萃，不但知道很多美味又輕鬆簡單的食譜，而且每次都「鏘、鏘、鏘」，「隨便」就做出美味的料理。因此，我把她教我的食譜都冠上她的名字（她的名字是kiyoko），像是「kiyoko沙拉」、「kiyoko雞肉」等。

還有，餐桌的擺設和家門前的裝飾，都非常可愛，成為我最佳的學習對象。我覺得她最厲害的地方是，她用的東西並非都是很貴的高級品。基本上她是有錢人的太太，應該有很多貴重的東西，但她使用的都是隨手在家庭用品店裡可買到的東西，像是桌巾之類的，而且都能運用得很好、看起來很時尚。

因為我是「長大」後才去上藍帶料理教室上課，除了學會「做甜點的技術」之外，還交到了很多「很棒的朋友」。雖然大家的年齡和立場都不同，但因為有共同的交集——甜點連繫著，可以站在平等的立場來交談，是很寶貴的朋友。

今後，我也會好好珍惜這樣的友情。

到鄉下拜訪朋友，盡情享受自然、美食與友情，讓我身心都獲得療癒。

朋友家的廚房角落，以及在她家享用的許多美食。
她很擅長招待，也很會製作簡單又美味的食物。雖然她也會準備精細費工的食物，但基本上都是客人來了不用多費工就能上桌的料理，即使客人到了，也能有時間和大家聊天。有些人會做了費工的料理，以致於主人沒時間好好招呼，連聊天的閒暇都沒有，她不是那樣的人。

●燉番茄雞肉（kiyoko燉雞）

材料｜4~5人份

雞腿肉……2片

芹菜……1根

洋蔥……1/2個（約100g）

橄欖油……適量

蒜……1瓣

白酒……100c.c.

番茄罐頭……1罐（400g）

月桂葉……1片

牛奶……50c.c.

雞湯塊……1/2~1個

鹽、胡椒……適量

作法｜

① 將雞腿肉切成一口大小。

② 將①放入容器裡，放入切碎的芹菜葉，灑上鹽、胡椒，加入白酒（分量外）後，放置半天。

③ 將芹菜莖的纖維絲摘除後切碎，洋蔥也切碎。

④ 厚鍋加入橄欖油，把壓扁的蒜和③放入，炒至變軟。

⑤ 用別的平底鍋加熱，放入少許橄欖油，再放入②，皮朝下先煎，再翻面，注意不要烤焦。（此時可以把芹菜葉取出，但不用太刻意。）

⑥ 將⑤放入④中，再放入白酒和罐頭番茄，加熱。

⑦ 沸騰後，加入月桂葉、牛奶、雞湯塊，蓋上鍋蓋後燉煮，鍋蓋留點空隙。

⑧ 文火約煮5~6小時，待水分減少，番茄味滲入雞肉後，嘗嘗味道，再加鹽及胡椒調味即可。

★灑上切碎的巴西里葉，味道會更好。

★原本的食譜是用自製番茄醬汁來燉，如果有番茄醬汁也可以拿來用。

★燉這麼久，雞肉會變很軟甚至連形狀都會消失，如果不喜歡的話，可以縮短燉的時間（約3小時）。

台灣的甜點

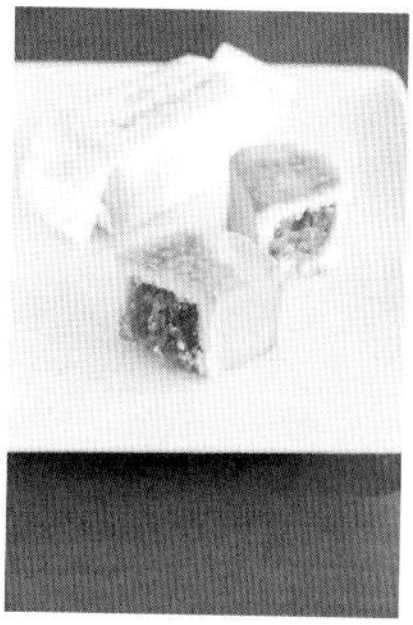

對身為日本人的我來說，有著刻板的印象，那就是「鳳梨酥」等於台灣「名產」等於「伴手禮」。

但是，台灣人其實不太吃鳳梨酥……真的嗎？常去台灣已經將近五年了，最近才有人這麼跟我說。雖然我一直覺得很奇怪，因為鳳梨酥很甜，但台灣人不喜歡太甜的東西吧！

而且讓我更驚訝的是，多數鳳梨酥不是鳳梨做的，而是用冬瓜煮的！當我去台南時，看到一整片的鳳梨園是那麼的感動……！

最近當我吃厭了鳳梨酥時，出版社編輯給了我「真正的鳳梨做成的鳳梨酥」，還有學生給我的「放了核桃的鳳梨酥」，我覺得這兩種新奇的口味很好吃。

但我覺得還有很多很多比鳳梨酥還要好吃的甜點……（熱量好像也很高）。

例如「綠豆糕」，是與日本和菓子「落雁」很像的點心，但更紮實，而且非常好吃！

再來是煉乳（這算甜點嗎？）。日本雖然也有煉乳，但台灣的味道比較濃郁，非常美味！

台灣煉乳迷的我，以前每當老公要出差去台灣時，都會拜託他，「要買煉乳回來喔」，對於我交辦的事總是十分守信的他，買了很多煉乳。當回日本時，他把一堆煉乳塞進行李箱，在機場要出關，通過X光機掃描的時候，被海關人員叫住：「那位日本人，請把行李箱打開！」當海關人員打開行李箱看到裡面全是煉乳時，都大笑起來：「什麼嘛！為什麼帶這麼多煉乳……日本不是也有煉乳嗎？」

我會把台灣煉乳加進鮮奶油裡，用打泡的奶油做成蛋糕卷，這是我現在很熱中的方式（my boom）。

說到飲料，我喜歡木瓜牛奶和珍珠奶茶。

木瓜牛奶可以幫助消化，甜度也剛剛好。珍珠奶茶奇特的奶味（那應該不是真正的牛奶吧？）有著不可思議的魅力，讓人覺得特別好喝。

還有，之前去台灣時，讓我想再多嘗試的是「愛玉」。我想，這個應該日本人也會喜歡。

台灣的朋友，除了鳳梨酥之外，台灣還有很多美味的東西，請多多推銷這些東西吧！

我希望台灣的甜點也能在日本普及。

在台灣和朋友一起去茶藝館。

茶藝館的服務人員示範泡茶。

南棗核桃糕和綠豆酥好吃又不甜。

拜託台灣朋友教我泡茶。

味噌湯和醬菜

小時候，家裡的早餐大多是白飯、味噌湯、醬菜、納豆或是烤魚等等。

我還記得，早上時常被母親刨柴魚片的聲音吵醒，「啊！不得不起床了……好討厭喔！」現在會在家裡刨柴魚片的家庭很少（因為有現成的柴魚味素），我和娘家的母親現在也都會買「削好的柴魚片」裝成袋的柴魚片包。

最近因為省時又方便的關係，許多家庭都改吃麵包和咖啡，配上蛋或沙拉的西式早餐。其實我早上也都吃麵包。但是去住日式旅館時，還是會吃日式早餐，「果然還是日本人」。

提到醬菜，我以前都會自己做「漬床」。

以米糠為主的漬床，用鹽、辣椒、昆布等來調味，再把蔬菜放進去醃漬即可。

以前還有許多人「出嫁時會把漬床帶到婆家」。以前幾乎每個家庭都會自己醃菜，經過好幾年的培養，已經變成熟成的漬床。但是，因為有味道，再加上每天都要攪拌（為了讓新鮮的空氣滲入），非常麻煩，所以醃漬的人越來越少。

我當初嫁人時也會自己醃漬，但因為時常出國，不在家的期間，就無法繼續照顧而浪費了。雖然比起新鮮的小黃瓜，漬床醃過的蔬菜營養價值更高（含有乳酸菌和維生素B），對身體也比較好。

另外是冬天醃的白菜。

娘家會用大桶子來醃，但因為我們家只有二個人，用大桶子來醃會吃不完。因此，我是用小的塑膠桶來醃漬的。

這個漬物做法很簡單。我不知道其他家庭是怎麼醃的，但我娘家醃的方式很簡單。

將白菜用手撕成易醃漬的大小，洗乾淨，把水瀝乾後（此時先在陽光下曬一天，會增加甜味，更加美味），放入容器裡，接著像蓋住白菜一樣放入昆布，再灑鹽（因為味道很簡單，最好用美味的鹽），再加辣椒、生薑、柚子皮，一層層疊上去。

接著只要等就行了，簡單吧？

這麼說來，以前我母親曾說過：「白菜啊，就是要結霜（變冷）才會甜喔！」天冷才會變甜。為什麼呢？白菜含有很多水分，一般來說，氣溫零度的話會結凍，結凍就死了。為了讓自己不被凍死，白菜只好增加自己的糖度。如此一來，凝固點就會降低，（因為砂糖水比水結凍的溫度低。砂糖水在零度不會

結凍）能防止自己被凍死。這就是白菜變甜的原因。

日本家庭常見的另一道料理是味噌湯。味噌湯會因每一個不同的家庭而異，味道都不同。

味噌的種類不同，湯汁也不同，有人用柴魚片，有人用昆布，有人用小魚乾來做高湯，每個家裡都有自己獨特的味道。因此，每個人都有吃慣的「母親最棒的味道」。

我娘家的習慣是，「味噌湯是每天早上喝的」，晚上唯一會吃的味噌湯，在我家稱為「けんちん汁」（卷纖汁或建長汁），加上豬肉就變成豬肉味噌湯。

湯裡放入豬肉、牛蒡、紅蘿蔔、白蘿蔔等大量的材料，是很有分量的味噌湯。

雖然我們早上不吃白飯，也不喝味噌湯，但「豬肉味噌湯」卻是經常出現在我家的餐桌上的料理。

●醃白菜

材料｜容易做的量

白菜……450g

鹽……白菜重量的３％（約13g）

辣椒……適量１根

昆布……白菜重量的0.4％（約2g）

作法｜

① 白菜洗好後，在陽光下曬半天。

② 將白菜放入容器內，以鹽和辣椒全部撒遍後，再放入容器裡。

③ 撒上昆布。

④ 放上重物。

⑤ 放置4~5天。（水分會漸漸變多）

⑥ 把水瀝乾後，切來吃。

★也可以加大蒜、薑、柚子皮調味。

★如果覺得太鹹，吃之前可以先沖一下再擰乾。

★我喜歡用海苔捲來吃。

●豬肉味噌湯

材料｜8~10人份

小芋頭……4~5個（350g，削皮後280g）

紅蘿蔔……2/3根（150g，削皮後120g）

白蘿蔔……15公分大小（320g，削皮後300g）

牛蒡……1/3根（80g）

蔥……1/2根（50g）

蒟蒻……100g

豬肉薄片……200g

味噌……80g

豆腐……150g

作法｜

① 將小芋頭、紅蘿蔔、白蘿蔔削皮。里芋切成一口大小，紅蘿蔔和白蘿蔔切成1/4扇形。

② 以鍋刷將牛蒡的皮刮除（沒有的話以刀背刮除），削成不規則薄片，泡水（中途換水約2次）。

③ 將蔥切成斜段。

④ 蒟蒻切成一口大小，川燙後備用。

⑤ 豬肉切成寬3公分大小。

⑥ 豆腐切成1~2公分的立方形。

⑦ 厚底鍋加熱，加入少許的沙拉油（份量外），炒豬肉。

⑧ 放入紅蘿蔔、白蘿蔔、牛蒡後輕炒，再放入白蔥、蒟蒻、里芋攪拌後，加入1公升的水煮。

⑨ 水沸騰後去除浮沫，放入一半的味噌，以中火煮至蔬菜變軟（約15~20分鐘）。

⑩ 放入豆腐煮1分鐘左右，把剩下的味噌溶入湯裡，再滾一下即可。

★味噌先放一半是為了入味。不一次全部放是為了保留味噌的風味。

★味噌會因為種類和產地不同而異。以上的量為約略的量，可自行調整。

★也可以用高湯取代水。因為蔬菜和豬肉的味道很鮮美，以家庭料理來說，用水就很足夠了。

★最後可以加煮好切成小片的四季豆或是切碎的青蔥點綴，有一點綠色視覺效果更好。

★盛入湯碗後，可以滴幾滴麻油添加香味，或加七味唐辛子味道也很合。

我喜歡的台北

書店裡不但有飲食書專區，還有可以示範料理的空間。這是4F在誠品舉行的新書發表會。

人們在書店裡自在享受閱讀的樂趣。

書店裡也有氣氛優雅的餐廳。

「誠品書店」是台灣我喜歡的地方之一。

日本應該還沒有提供生活風格和時尚用品的書店（據我所知）。

每次一到誠品書店，我一定先去料理書專區。即使不懂裡面的中文我也不在意，先翻幾本書，細細品味裡面的內容。

確認「現在的台灣人對什麼樣的料理有興趣？」因為這是我的工作啊。

有不少日本的翻譯書，讓我很吃驚，同時也很開心，在台灣教日本料理的我，還是有市場需求的（笑）。

之後搭電梯到其他樓層，逛雜貨或廚具用品店。這些地方和日本大不同。

在日本，書店是專門賣書的地方。

而這裡還有各式生活用品。賣的東西乍看相似，其實全然不同。

逛一逛有點餓了，就去地下的美食街吃點東西。有時還會在這裡坐一陣子，然後思考食譜。

沒有課的日子，或沒有任何約會時，可以一個人玩一天。

日本也有這麼好的地方就好了。

而且令我驚訝的是，書店裡有好多人坐在地板或台階上讀著要賣的書！為什麼可以這麼隨意自在？日本雖然有人站著看書，但這麼大大方方坐著看書的人很少。如果我也能做到這一點的話，應該就可以變成真正的台灣人了吧！

上次去逛誠品書店時，我買了衣服和化粧品（當然是 Made in Taiwan）。店員很親切，努力的比手畫腳跟我說明。

當時他還幫我辦了會員卡喔。住在日本卻擁有會員卡的人應該十分稀少吧！

衣服的布料剪裁方式和日本不同，從日本人的角度來看會覺得「咦？手從這種地方伸出來啊？」還有化粧品，我每每觀察學生們的臉，都覺得「台灣人的皮膚好好喔！」一直想試試台灣的化粧品。我買的化粧品有著淡淡的薑的香味，用起來也很舒服！效果呢，可能要持續好幾月才看得出來吧！現在無法判斷。

還有，雖然只去過一次，但讓我「還想再去！」的地方是「鶯歌」。

我一個人搭電車去時，在台北車站迷路，賣票的阿姨，親切地帶我到月台。這就是台灣的溫暖人情味啊！

月台的顯示燈上大方的寫著「晚28分」、「晚24分」。誤點啊，可今天沒有刮颱風也沒有下大雪啊，果然是台灣啊，真有趣。

鶯歌離台北車站不遠，卻可感受完全不同的地方氛圍，讓人開心。

我散步在街上，不自覺地自言自語「真是奇蹟耶」，有好多便宜的茶具！

我走進角落的店家，用蹩腳的中文和店員交談，並買了茶具。

在另外一家店，店員跟我說：「這個設計好像日本人很喜歡，進的貨都被日本人買走了。感覺好像是專門為了日本人而進貨的（笑）。」

底色為淡淡的藍，上面有紅色的金魚游著，好涼爽的感覺。許多日本人喜歡這樣的設計，要送禮物給日本朋友時或許可以參考喔（笑）。

因為回程時的行李不少，所以這次沒辦法買太多，下次一定要再去鶯歌逛逛。

這麼好逛又離台北車站這麼近的地方，日本的旅遊書竟然只用一頁的篇幅來介紹。最近很多日本雜誌都開始陸續介紹台灣，但感覺資訊還是不夠多。

去誠品書店可以看到很多被翻譯成中文的日本書，但是在日本要找台灣的資訊卻意外的困難。

尤其是想學台灣中文的我，要在日本找「繁體字」的書更是困難啊。

請台灣的出版社努力的把台灣的書輸出到日本吧！

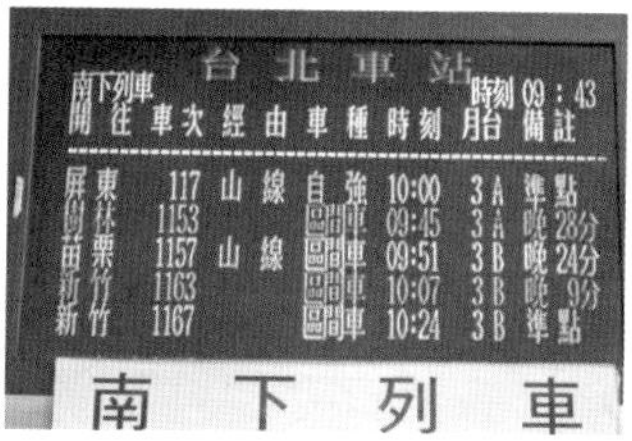

在4F的第一堂課

每次當我跟日本的朋友說：「我在台灣的料理教室教日本料理。」每個人都會很好奇的問我：「咦？為什麼？」這是理所當然的疑問，因為我住在日本，為什麼會在台灣教料理啊！

就讓我來解釋到底是怎麼一回事。

因為我老公常常到台灣出差，當時我剛好結束了幫餐廳設計菜單的工作，心想：「暫時不想工作了。」於是跟著老公到台灣旅遊。

結果發現台灣人好親切！台灣的食物好好吃！於是我開始有了「好想住台灣喔」的想法。

雖然我對老公說：「我們搬到台灣住吧！」但他畢竟是個上班族，不可能說去就去。於是我心想：「那麼我在台灣工作吧！」當台灣的朋友聽到我這麼說時，對我說：「妳乾脆到我去的料理教室教課好了。」這就是我在台灣教課的開始。

第一次到4F時，說實話，我站在一樓的入口，對身為外國人的我來說，感覺「有點暗、有點可怕，而且沒有電梯」，但當我一走到4F門口時，發現裡面是個很有風格又舒適的空間，頓時

和4F的工作人員一起準備上課前的試做、拍照。

放下心。工作人員雖然都很年輕，卻相當踏實可靠，都是很優秀的年輕人。我當時心想：「我要在這裡工作」。

在4F第一堂課教的是手毬壽司，很有日本味道的菜單。我當時有點不安，「外國人對生魚能接受嗎？」但聽到學生很多都是日本通，而且大家都說「喜歡生魚片」，讓我放了心。對了，說到壽司，外國朋友總是對我說：「妳來捏握壽司吧！」

但是這和一般的飯糰不一樣，不是隨便捏就可以了。散壽司、豆皮壽司、捲壽司、手毬壽司是主婦在家裡也會做的壽司，但握壽司是素人捏不來的。雖然模仿勉強做得出來，但那是職人才做得來的菜色。

我是個主婦，因此我教的是手毬壽司，是輕鬆就可以做出的可愛壽司球。

我在台灣的料理課就是這樣開始的。

剛開始我很擔心我的中文（雖然上課時有人幫我口譯，幾乎沒有問題，但準備等事前的溝通只能用中文和英文，對我來說，用中文比英文好，我幾乎不會說英文）。

但總會有辦法吧！工作人員睜大眼睛看著我，比手畫腳的說：

剛到4F上課時，牆壁是溫暖的明亮色系。
現在的4F，好cool！

「這個？還是那個？」把我要用的東西遞給我。我真的很感謝工作人員。

還有，說到語言，讓我很驚訝的是學生們的日語能力。有很多學生會說日文，也聽得懂日文。當口譯的人問：「〇〇的中文是什麼啊？」還有學生會幫忙回答。

即使4F牆壁的顏色從柔和的綠變成灰黑，工作人員的親切貼心和安心感是永遠不變的。

只要還招得到學生，我想我會繼續在台灣教課。

這裡附的食譜是我在4F的第一堂課。

當時課程的主題是關東風味的賞櫻野餐菜色，有野餐時攜帶的手毬壽司，圓滾滾的壽司，是相當傳統的日本料理，也經常出現在慶祝女兒節的菜色中；另外還搭配了鱈魚芙蓉蒸，以簡單的方式烹調食物的鮮甜原味；而伊勢海老鬼殼燒，是將新鮮蝦子塗抹上和風醬料進行燒烤；最後從野餐籃拿出的甜點，是以一整顆柳橙為基底，做出的春日甜品——鮮橙風味果凍盅。

就算不是去野餐，這些菜色也很適合在家料理來吃！

★本篇照片與食譜由4F料理生活家提供。

鱈魚芙蓉蒸

材料｜4人份

鱈魚……2塊
蛋白……1顆
白蘿蔔……4~5公分
清酒……1大匙
鹽……少許
黑木耳……3~4朵
（台灣的黑木耳大的可1朵）
烹大師……1/6小匙
味醂……1/2大匙
醬油……1/2大匙
水……100c.c.
太白粉……少許

作法｜

① 將魚切半撒上鹽與清酒，木耳切細備用。
② 白蘿蔔磨成泥，並把水分瀝乾。
③ 蛋白打發，並與蘿蔔泥、木耳混合。
④ 將魚肉與作法③成品盛入盤內，蒸約5至10分鐘。
⑤ 在鍋內加熱烹大師、味醂、醬油與水，並將太白粉溶進去。
⑥ 魚肉蒸熟後，與佐醬混合即可。

海老鬼殼燒

材料｜4人份

帶頭蝦子……8尾
（買大一點的）
鹽……少許
檸檬汁……少許

[調味醬]
醬油……50c.c.
味霖……50c.c.
砂糖……20g

作法｜

① 製作[調味醬]。將所有材料放進鍋中，煮開後冷卻即可。
② 將蝦子串起，並撒上少許的鹽。
③ 調味醬可配合喜好，烤蝦的時候中途取出塗個1～2次。
④ 放入烤箱以攝氏250度烤約10至15分鐘。吃時擠上少許檸檬汁即可。

鮮橙風味果凍盅

材料｜4人份

柳橙……4顆
吉利丁……6~8g
純柳橙汁……200c.c.
檸檬汁……1大匙
砂糖……2大匙

作法｜

① 將柳橙切一半，榨汁。
② 混合柳橙汁（鮮榨柳橙和柳橙汁調和為400c.c.）、檸檬汁、砂糖至鍋內，煮至接近沸騰時熄火，並加入吉利丁溶解，用冰水冷卻。
③ 把果凍填入挖空的柳橙內，放入冰箱冷藏即完成。

花見生魚片手毬壽司

材料｜4人份
米……3杯
喜歡的魚……4片

[壽司醋]
醋……100c.c.
糖……3大匙
鹽……2/3小匙

作法｜

① 米清洗後入鍋煮成飯，煮飯的水減少1%。
② 製作[壽司醋]，混合所有材料即可。
③ 接著將壽司醋拌入飯內。
④ 魚肉切成薄片備用。
⑤ 把壽司飯捏成球狀，並裹上新鮮魚肉就可以了。

和風輕食雞肉丸湯

材料｜4人份
水……400c.c.
烹大師……1/2小匙
醬油……適量
味醂……適量

[雞肉丸子]
雞絞肉……250g
糖……2小匙
味醂……2小匙
鹽……2小撮
醬油……2小匙
蛋白……2大匙
太白粉……2小匙
薑汁……少許

作法｜

① 將[雞肉丸子]材料混合均勻。
② 將烹大師與水一起加熱，製成湯底。
③ 將雞肉丸子材料握成球狀，放入湯底煮。
④ 用醬油與味醂調味。
⑤ 等到煮滾後，視個人喜好加入辛香料，例如蔥白絲、七味粉、三葉菜或柚子皮絲等，調整味道。

4F的料理課——茄子料理

我總是因為食材特質「日本和台灣的不太一樣……」跟學生道歉，而且這次的「茄子」還是料理主角。這次也和學生再三說明。

如果特質不同的食材是配角就算了，但是主角時，光「長得不一樣……」就很不妙了。

但我會朝「雖然不一樣，但這麼做就會變得更好吃！」的方向努力。

這次設計了一套用茄子變化的日式家庭料理，以下酒菜的輕食概念規畫菜單，讓大家可以在炎熱的夏夜伴著茄子下酒菜來杯清涼的啤酒。

在日本，茄子是常在餐桌上出現的料理，可以炒、燒、蒸、煮，也可油炸、涼拌、做湯，有許多不同的料理方式。

這次課程，烤的部分，以非常傳統的下酒菜方式處理，用直火燒烤的茄子配上柴魚片與蔥片，沾上薑末醬汁就非常的美味。

下酒菜中不可或缺的日式炸物，則做了兩種變化，第一種是把用蔥末、薑汁、蛋、清酒、醬油等調味後的豬絞肉餡，夾在切片茄子內，沾裹麵衣後炸至金黃色的酥炸茄子豬肉堡。另外一個是做成茄子皮卡特（piccata），這是種義大利的料理方式，

將食材稍微調味後均勻裹上麵粉，再裹上一層與起司粉混合的蛋液，用少油高溫煎烤。不論是肉類、魚類、蔬菜甚至是豆腐都可以這樣料理，吃時可以品嘗到食材本身的美味以及起司的香味。

另外還用了茄子做了兩種沙拉，一個是與梅子、紫蘇葉一起調味的涼拌梅干冷茄，另一個則是較清爽的清蒸米茄與雞胸肉沙拉，搭配手工做的白芝麻味噌醬，十足的日式家庭口味。

最後的甜點，因為我非常喜歡台灣的荔枝，所以這次要教大家做白酒荔枝果凍。

回到台灣和日本茄子不一樣

的主題。

當然日本的茄子種類也很多，形狀和顏色、味道也不一樣。在關東講到「茄子」，通常是指形狀像拉長的雞蛋的「千兩茄子」。這種茄子特色是皮很薄，裡面很柔軟。

台灣的茄子和我在日本看過的都不一樣，又長又細，而日本的「米茄子」，則是又大又硬的茄子，怎麼辦呢？結果，除了炸茄子外，其他的菜色都是使用台灣的長型茄子。

和日本的茄子比起來，台灣茄子乍看之下水分好像有點少，但實際料理後，發現其實水分很多，肉身也很柔嫩，也很適合做成醃茄子。

台灣和日本，乍看之下很接近但其實很遠，看似相似但其實很不同。連食材都是如此啊！

對了，日本有一句俗語：「秋天的茄子不能給老婆吃」。

這句話有兩個說法，一是秋天的茄子水分很多，吃了會讓身體變涼。身體變涼容易受寒，所以不能讓心愛的媳婦吃，這是體貼之說。另一個是秋天的茄子太美味了，怎麼可以給媳婦吃呢！這是另一種壞心眼的說法。

上課時我講到這個俗語，順便問學生：「日本許多家庭的媳婦和婆婆的關係不太好，台灣應該不會吧？」沒想到大家的臉上寫著：「才不呢，台灣這種事也不少呢！」的表情（笑）。

雖然國家不同，國情也不同，但婆媳問題這一點似乎是全世界共通的問題啊？我突然有這樣的感覺。

除了4F的幾道茄子料理，我另外使用台灣的茄子（適合用細長的茄子）試做了簡單的「和風焗烤茄子」。

為什麼說是和風呢？因為白醬用的是山芋和豆腐喔。熱

量會少一點，如果「不想用牛奶」，也可以換成豆漿來做喔！

有時間的話，不妨也試試用台灣的茄子做做看！

★本篇照片與食譜由4F料理生活家提供。

●和風焗烤茄子

材料｜4~5人份

茄子……1根

帕馬森乾酪……適量

[肉醬]

蒜（切碎）……1片

洋蔥（切碎）……1/2個

絞肉……140g

月桂葉……1片

白酒……2大匙

番茄醬……5大匙

中濃醬……2小匙

鹽、胡椒 適量

[白醬]

山藥……100g

豆腐……50g

牛奶……100cc

肉豆蔻粉……少許

鹽、胡椒……適量

作法｜

① 茄子切片。鍋子加入適量熱炒油（不在材料單內），將茄子放入炒熟。

② 製作[肉醬]。熱鍋起油（不在材料單內），放入蒜、洋蔥，炒到變軟。

③ 絞肉放入作法②鍋中，一起拌炒。

④ 當作法③的肉炒熟後，加入月桂葉、白酒，攪拌後再加入番茄醬、中濃醬、鹽、胡椒調味。

⑤ 煮把白醬的材料全部放入果汁機，攪拌至濃稠狀。

⑥ 將肉醬、茄子、白醬依序放入焗烤盤，灑上帕馬森乾酪，放入攝氏200度的烤箱烤20分鐘。

●涼拌梅干冷茄

材料｜2人份

茄子……1根（約90g）

吻仔魚……3大匙

麻油……適量

梅子/去子……15g（鹽分5～6%的梅子）

清酒/煮沸放涼……1大匙

砂糖……1小匙

蔥白/切絲……約5公分

紫蘇葉/切絲……2~3片

鹽……適量

作法｜

① 茄子切薄片，放入鹽水中浸泡10分鐘。

② 吻仔魚用麻油炒過備用。

③ 梅子用刀背打成泥，與清酒及砂糖混合拌勻。

④ 茄子去水，放入缽內，加入蔥絲與紫蘇葉，一邊試味道，一邊慢慢加作法③的梅子拌勻並盛盤。

⑤ 灑上吻仔魚，食用前再拌勻即可。

●日式烤茄子

材料｜2-3人份

茄子……2根

蔥末……適量

柴魚片……適量

醬油……適量

薑末……適量

作法｜

① 用刀輕劃茄子表面，放在網子上用火烤至表皮全黑。

② 待冷卻後剝皮，切成易入口的大小。

③ 以濾用蔥末以及柴魚片作裝飾，淋上醬油加上薑末即可。

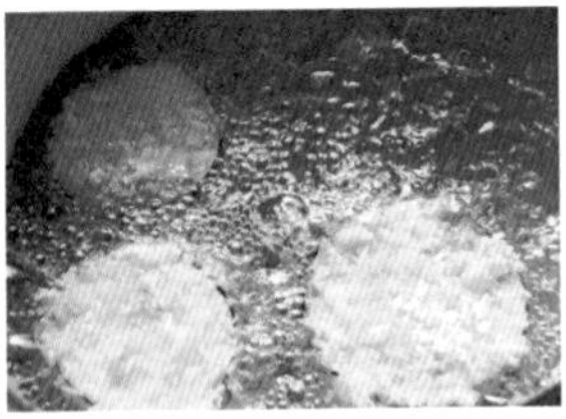

酥炸茄子豬肉堡

材料｜5~6人份

豬絞肉……150g

茄子切約1公分薄片……3個（1個約90g）

蔥末……6公分

薑汁……1小匙

蛋……1/2顆

太白粉……1小匙

清酒……1大匙

醬油……1小匙

胡椒……適量

鹽……適量

[麵衣]

低筋麵粉……適量

蛋液……適量

麵包粉……適量

油……適量

[調味]

檸檬……依個人喜好

鹽/胡椒……依個人喜好

番茄醬……依個人喜好

柚子醋……依個人喜好

作法｜

① 將豬絞肉、蔥末、薑汁、蛋、太白粉、清酒、醬油等食材全部放入一個缽內，用鹽、胡椒調味並仔細拌揉。
② 兩片茄子薄片中間夾入作法①的絞肉。
③ 將作法②依序沾裹低筋麵粉、蛋液、麵包粉。
④ 放入油鍋油炸至表面酥脆，撈起擺盤即可。
⑤ 可依個人喜好淋上檸檬汁或沾番茄醬等食用。

茄子皮卡特

材料｜3~4人份

茄子……2根（一根約90g）
鹽……適量
低筋麵粉……適量

[麵衣]
起司粉……2大匙
泡打粉……1/2匙
蛋液……1顆
胡椒……適量
橄欖油……適量

[裝飾]
乾燥巴西里（奧勒岡/百里香也可）……適量

[沾醬]
番茄醬……依個人喜好

作法｜

① 茄子去蒂，剝皮，灑鹽靜置一段時間，出水時用餐巾紙擦拭。
② 將茄子均勻灑上薄薄的低筋麵粉備用。
③ 製作[麵衣]。先將起司粉、泡打粉拌勻。加入蛋液後，以胡椒調味並拌勻。
④ 平底鍋倒入橄欖油加熱，作法②的茄子沾裹作法③的麵衣後，入鍋煎至金黃色。
⑤ 盛盤後灑上乾燥巴西里即可，可依個人喜好沾番茄醬食用。

清蒸米茄與雞胸肉沙拉

材料｜3~4人份

茄子……2根

雞胸肉……1片

白芝麻……2大匙

白味噌……2大匙

高湯……2大匙

醋……1小匙

砂糖……1/2小匙

味醂……1大匙

蔥白，切絲……適量

細蔥，切末……適量

作法｜

① 用茄子去皮與去蒂後蒸熟。

② 雞胸肉放入沸水（加一小撮鹽）內，熄火悶5至6分鐘，熟了後取出泡冰水。

③ 茄子、雞胸肉待冷卻後撕成易入口的大小。

④ 白芝麻用石臼磨碎。

⑤ 白味噌、高湯、醋、砂糖、味醂拌勻後，邊試味道邊慢慢倒入作法③後，盛盤。

⑥ 擺上蔥絲及蔥末裝飾即可。

★使用鹽分9%左右的白味噌較佳。另外，若沒有細蔥，可用一般蔥的蔥綠部分。

白酒荔枝果凍

材料｜6人份

吉利丁粉……8g

水……100c.c.

砂糖……50g

白酒……300c.c.

蜂蜜……1大匙

檸檬汁……2小匙

香橙酒……適量

荔枝……適量

作法｜

① 吉利丁粉加水50 c.c.拌勻。

② 水50 c.c.、砂糖、白酒250 c.c.放入鍋裡加熱，滾了即可熄火，加入作法①拌勻。

③ 待作法②稍冷卻後加入蜂蜜，拌勻。

④ 完全冷卻後於作法③倒入剩餘白酒、檸檬汁、香橙酒，拌勻。

⑤ 在容器中放入荔枝，倒入作法④，放進冰箱冷藏，待冷卻後即可享用。

4F的料理課——蝦料理

以前4F開的課，是由老師自己決定主題，先想主菜，再搭配副菜和甜點。

但是自從4F重新出發後，變成以食材為主，開三堂不一樣的課。

茄子、蝦子、雞肉。

這次教的是蝦子料理。

蝦子可說是我最喜歡的食材。幾乎每次上餐館必定會

點一道有蝦的料理。

蝦子不但高蛋白質低脂肪，又含有DHA和EPA，有清潔血液的作用，還可以讓頭腦更靈活，而且還很好吃！簡直是無可挑剔的完美食材！

日本和台灣的蝦子沒有很大的不同，課程也很順利的進行。其中唯一讓我疑惑的是，生春捲裡包的蝦子雖然肉很嫩，但不知道為什麼煮熟後，肉質變得很鬆散，這樣的蝦是我在日本沒見過的。

一堂課四道菜都要使用蝦子，事前要準備很多蝦，而且要全部自己剝殼。剝了滿滿好幾盤的殼，是我四十年來從沒有過的經驗（笑）。

但是，工作人員大家一起幫忙剝，沒有人嫌麻煩或擺臭臉。對還年輕的他們來說當然也是初體驗吧！

前菜是白滝涼拌鮮蝦，是用白滝（長蒟蒻）拌上鮮蝦和海帶，淋上特製的日式沙拉醬汁，微酸帶甜的口感相當開胃。

這道和式涼拌的醬汁，不但適合小黃瓜配章魚，也適合海帶配小黃瓜，食材的搭配很多樣。酸酸甜甜，是日本夏天常見的料理。學生問我：「蒟蒻為什麼日本稱為白滝呢？」因為又白又細長，不是很像白色的瀑布

嗎？蒟蒻有清潔腸胃的作用，而且幾乎不含熱量，還有降低膽固醇的效果，可以盡量多吃。

接著是鮮蝦生春捲佐紫蘇酸甜醬。這是我在越南的料理學校學的。用越南特有的米紙將蔬菜和蝦仁包裹起來，搭配清香的紫蘇葉酸甜醬，讓人貪心的想多放一點蝦子進去。將花生敲碎後放進去則是我獨特的作法。

再來一道是椎茸烤蝦丸。做蝦丸，許多人會先把蝦子磨成泥炸過，但我嘗試把它放在香菇上用烤的，吃得到香菇的鮮甜與蝦子的彈牙口感。台灣的香菇肉厚又美味；雖然日本的香菇也很好吃，不過台灣的香菇幾乎不輸日本香菇唷！

然後是特製炸蝦，海老時蔬天婦羅。

一般炸蝦的麵衣是沾麵粉和蛋，大家一定吃過。因此，我換成加了芝麻、敲碎的仙貝（脆餅）和碎海苔的麵衣來炸，更具酥脆的口感。

最後的點心是黑糖葛粉。將煮好的葛粉淋上黑糖蜜享用，嘗起來是與寒天或果凍完全不同的口感。

這一道最令我頭痛。

日本也不太買得到「本葛

粉」（葛根磨成的粉），而且價錢很高。

一般市面上的葛粉其實不是真正的葛粉，而是以甘藷澱粉做成，或是混合甘藷澱粉的合成品。和葛粉很像，幾乎可以做出一樣的東西，不過台灣的「葛粉」卻很難凝固，不管再怎麼拌，還是呈黏糊狀。

於是我想到「改用洋菜來幫忙凝固吧」，結果負責採買的工作人員Jennifer竟然買到了和日本葛粉相近的葛粉，太優秀了。

不需要攪拌，只要把它放入模型裡去蒸，就沒問題了。但做好的葛餅和在東京吃到的葛餅不一樣。

於是我在課堂上對學生說：「因為真的葛粉很貴，所以用不同的材料來取代」，但賣葛粉點心的店家或許不這麼認為吧。

首先，日本關西和關東的葛餅不一樣，關西的葛餅比較像課堂上我做的半透明、口感柔軟的葛餅。關東的葛餅則較硬，且顏色呈濁白狀，因為是用麵粉發酵後做成的。原因不是因為比較便宜，而是關東人覺得這樣比較好吃。

不論是因為比較便宜，還是因為比較好吃，只能請各位自己到東京來，用自己的舌頭品嚐看看囉！

★本篇照片與食譜由4F料理生活家提供。

鮮蝦生春捲佐紫蘇酸甜醬

材料｜5捲

蝦子，挑去腸泥……10尾

豬肉……100g（2~3片）

越南米紙……5片

紫蘇葉……適量（紫蘇、薄荷、香菜皆可）

美生菜，切絲……2~3片

小黃瓜，切絲……1/2根

紅蘿蔔，切絲……1/2根

花生，敲碎……15g

韭菜……適量

[沾醬]

魚露……2大匙

檸檬汁……2大匙

砂糖……2大匙

水……2大匙

大蒜，切末……1/2片

辣椒，切末……1/2根

紫蘇葉，切碎……適量

作法｜

① 蝦子煮熟後放入冰塊水中，冷卻後對剖切半。
② 豬肉煮熟後切薄片。
③ 製作[沾醬]。將所有沾醬材料混合拌勻即可、
④ 越南米紙沾水泡軟，依序將處理好的材料，紫蘇葉、美生菜、小黃瓜、紅蘿蔔、花生、豬肉擺在米紙中間。
⑤ 蝦子擺放在米紙邊緣，中間放韭菜後捲起，沾醬食用即可。

椎茸烤蝦丸

材料｜5~6人份

蝦仁……200g（約12尾）

香菇，去蒂……7~8個

（直徑4~5公分）

太白粉……適量

[餡料]

嫩豆腐，切碎……100g

洋蔥，磨泥……30g

韭菜，切末……1大匙

長蔥，切末……1大匙

匈牙利紅椒粉……適量

清酒……1茶匙

白胡椒……適量

鹽……1/4茶匙

作法｜

① 蝦仁用刀子或調理機打成泥。

② 準備[餡料]備用。將所有材料放入缽裡拌勻即可。

③ 香菇內面灑上太白粉，填上步驟②的餡料。

④將填好餡的香菇放在烤盤上，以攝氏200度烤約10分鐘即可。

白滝涼拌鮮蝦

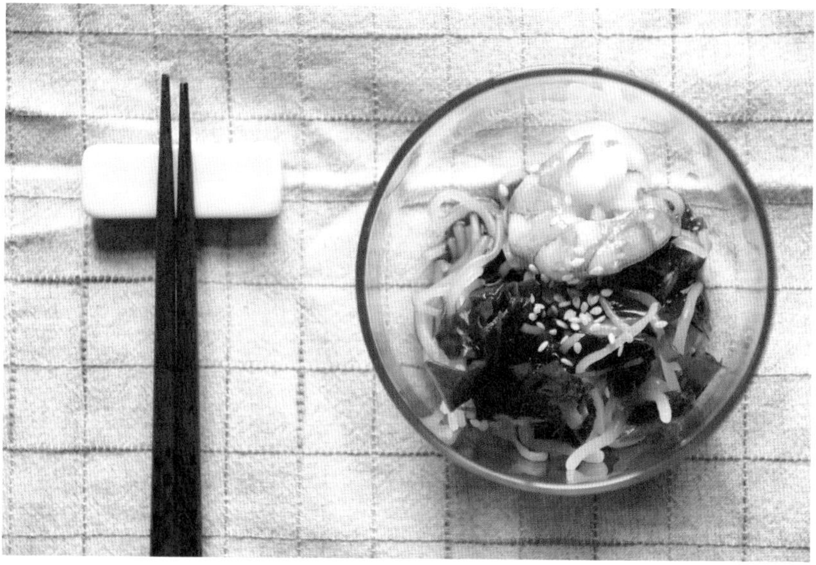

材料｜4人份

蝦子，去殼、挑腸泥……4~8個

太白粉……適量

白滝蒟蒻……100g

海帶，易入口大小……60g（水分瀝掉後）

白芝麻……適量

[醬汁]

柴魚昆布高湯……50c.c.

醬油……30c.c.

醋……30c.c.

砂糖……1大匙未滿

作法｜

① 蝦子裹上太白粉，以小火燙熟後用冰塊水冷卻後取出備用。

② 白滝蒟蒻煮3分鐘，將水濾掉，切成易入口大小放涼備用。

③ 製作[醬汁]。將醬油、柴魚高湯、醋、砂糖於碗內拌勻。

④ 將海帶與步驟②的蒟蒻拌勻後盛盤。

⑤ 蝦子置頂，灑上白芝麻。

⑥ 食用前淋上步驟③的醬汁即可。

★ 柴魚昆布高湯作法請參考P.68「溫泉蛋」。

海老時蔬天婦羅

材料｜4人份

蝦子，去殼留尾巴……12尾

太白粉……1大匙

麵粉……1大匙

水……約1大匙

季節蔬菜……適量

海苔粉……適量

柿の種餅乾（挑掉花生），打碎……適量

白芝麻……適量

作法｜

① 蝦子去殼、去腸泥，擦乾尾部多餘的水分。在蝦身正反面各劃幾刀，防止油炸時蝦子捲起來。

② 將太白粉、麵粉、水混合拌勻後塗在蝦子上。

③ 蝦子與蔬菜裹上海苔粉、柿の種餅乾或白芝麻。

④ 將步驟③的蝦子與蔬菜以攝氏160度~170度油鍋炸至上色即可

黑糖葛粉

材料｜3~4人份

水……200c.c.

砂糖……20g

葛粉……40g

黃豆粉……適量

鹽……少許

[黑糖蜜]

黑糖……30g

水……30ml

麥芽糖……25g

作法｜

① 水、砂糖、葛粉於鍋內混合拌勻，以中火煮至鍋內約一半都呈現略微凝固的冒泡狀時，即可離火。

② 步驟①攪拌至呈乳白色後倒入用水沾濕的模型內（淺薄形容器較適合，例如長型鐵淺盤）。

③ 將步驟②蒸約20分鐘後，冷藏降溫 。

④ 製作[黑糖蜜]。將黑糖和水煮滾後，加入麥芽糖煮勻，然後關火靜置放涼。

⑤ 將作法③降溫後取出切塊。

⑥ 黃豆粉與鹽混合，撒在葛粉上，並淋上黑糖蜜即可。

4F的料理課
——雞肉料理

這次的料理主題是雞肉。

因為我時常在課堂上說：「台灣的雞肉很好吃！！」於是工作人員Meli提議：「那就做雞肉料理吧！」但是，一般的雞肉料理太沒新意，於是我搜集了日本各個地方的雞肉料理。例如，金澤的「治部煮」、名古屋的「烤雞翅」、宮崎的「南蠻雞」，還有沖繩的「雞肉拌飯」。

金澤的「治部煮」是將雞肉（鴨肉）沾上一層粉後再去燉煮。因為有一層粉包覆著，雞肉不會變硬，還可以留住雞肉的美味。

關於治部煮名稱的由來有許多不同的說法，像是「咕嚕咕嚕（jibujibu，音同治部）燉煮」、「想出此料理法的人叫做治部」，無從判定哪一個才是真的。

這次我用雞肉來料理，但這種料理法用鴨肉或豬肉來做，也一樣美味。

名古屋的「滷小雞翅」據說是名古屋的某家居酒屋想出來的料理，後來才傳到全國各地。這道菜又甜又辣，味道很下飯。

宮崎的「南蠻雞肉」是道不可思議的料理。

炸過的雞肉，先淋上甜醋，再沾塔塔醬。據說這也是宮崎縣的

某家西餐廳想出來的，後來才傳到各地的樣子。我做這道料理時，就是參考以前在餐廳打工時的廚師教我的作法，他是宮崎人。

想要學各種不同的料理，多交一些地方出身的朋友，或許是不錯的主意（笑）。

沖繩的「雞飯」是因老公的女部屬的一句「很想吃看看」，而開始嘗試的料理。在飯上淋上雞肉汁，很像清淡爽口的茶泡飯。喝完酒、有點餓時來一碗剛剛好。

結交一些美食朋友，也是試做各種料理的契機呢！（笑）

因為雞肉原本的味道就很好，所以我這次堅持不用高湯（昆布、柴魚片做成的湯底）來做。當然高湯是日本料理的基本，使用高湯會更好吃，但卻很麻煩。連身為日本人的我都覺得麻煩，台灣的學生一定更覺得麻煩，我是這麼認為的。

每次上課之前，因為需要拍照，至少會試做一次。試作時，工作人員準備的是從量販店買來的雞肉（應該是進口雞肉），我試做時沒有特別的感覺。但是到了上課那天，當我切著上課要用的雞肉時，「咦？肉是紅的？而且肉很結實，滿硬的？」沒錯，這雞肉是吃玉米長大的「玉米雞」。

我問了負責採買，熟知材料的Jennifer，「這雞肉真的滿硬的」。我雖然覺得這雞肉味道濃郁、好吃，但是不適合快速煮熟、吃起來口感軟嫩的治部煮啊……於是我決定治部煮用量販店買來的雞；南蠻雞（炸過的雞）則是要口感結實的雞肉，就用玉米雞來煮。

但其實不論是什麼料理，每個人的喜好都不同。有人認為「肉很結實不容易吃」，也有人認為「結實又有彈性的肉很好吃」。

要怎樣才能讓所有的人都覺得「好吃」，實在是件困難的事，這是我時常會碰到的困難。

我個人嘗試過玉米雞的感想是，雖然硬但肉很結實，味道也很濃、很好吃；而且脂肪較少，感覺是有運動過的雞。只要仔細把筋的部分切斷，就不會覺得很硬，不但炸起來很好吃，我想就算和蔬菜一起滷也很美味吧！啊！真羨慕台灣人啊。

這次的料理課有件很有趣的事。菜單中有一道雞肉拌飯的料理，是來自南島沖繩的鄉間名菜，用香菇湯汁製成的茶湯泡飯，搭配蛋絲、味噌醃黃瓜一起下飯。裡面還放了醃漬的木瓜。

在東京雖然有被當成水果食用的木瓜（黃色的甜木瓜），但幾乎沒有用來醃漬和做沙拉的木瓜（應該是綠色的？）。因此，這次我用味噌醃過的小黃瓜來代替，台灣應該有醃漬和沙拉用的木瓜吧？

沖繩位於日本的最南端，比起東京，沖繩與台灣的飲食文化說不定更為接近。

這麼說來，我想起小時候去沖繩玩，對沖繩的印象是很悠閒、步調緩慢，完全沒有東京的忙碌急躁感。

我剛到台灣機場時感受到的「開放感」，或許和沖繩有一點類似吧！

★本篇照片與食譜由4F料理生活家提供。

名古屋烤雞翅

材料｜

雞翅膀……18隻
鹽……適量
胡椒……適量
清酒……適量
太白粉……適量
低筋麵粉　適量
白芝麻……適量
白胡椒……適量

[沾醬]

醬油……50c.c.
味醂……40c.c
清酒……40c.c.
砂糖……1大匙
蜂蜜……1大匙
大蒜，磨泥……1顆
薑，切片……1~2片

作法｜

① 製作[沾醬]。將所有材料放入鍋中煮至酒精完全蒸發。

②雞翅膀以鹽、胡椒、清酒調味後靜置約10分鐘。

③ 將步驟②的雞翅膀蒸約15分鐘，加入一些步驟1的醬汁置於塑膠袋內，靜置2-3小時。

④ 雞翅擦乾後裹上太白粉與低筋麵粉混合的麵衣，以攝氏220度的烤箱烤至上色。

⑤ 雞翅取出烤箱後，趁熱灑上白芝麻與白胡椒即完成。

● 宮崎南蠻雞

材料｜4人份

雞腿，切塊……2隻
鹽……適量
胡椒……適量
太白粉……適量
蛋……１顆

[沾醬1]
醋……60c.c.
醬油……30c.c.
砂糖……1又1/3大匙
清酒……1小匙
味醂……1小匙
薑，切片……3~4片
檸檬，切片……1片

[沾醬2]
小黃瓜，切末……1/2根
醃路蕎，切末……4個
美乃滋……100c.c.
紫蘇葉，切末……適量

作法｜

① 製作[沾醬1]。將所有材料放到鍋內加熱至微滾即可熄火。
② 製作[沾醬2]。將所有材料混合拌勻。
③ 雞腿肉上灑些許鹽與胡椒調味。
④ 雞腿肉裹上一層太白粉後沾蛋液，放入約攝氏160度油鍋油炸。
⑤ 趁熱沾步驟①的醬汁，最後淋上步驟②即完成。

沖繩雞肉拌飯

材料｜4~6人份

白飯……一人一碗
紅薑片……適量
白芝麻……適量

[味噌小黃瓜]
小黃瓜……2條
味噌……適量

[雞肉]
水……加上泡香菇的水共5~6杯
雞胸肉……約270g
蔥，取綠色部分切斜片……適量
薑……適量
醬油A……3~4小匙
鹽……少許
清酒A……2大匙

[香菇]
乾燥香菇，浸泡100c.c.的水約2~3小時……4朵
清酒B……2大匙
砂糖A……2小匙
醬油B……2小匙

[蛋皮]
蛋……2個
砂糖B……1小匙
鹽……少許

作法 |

① 製作[小黃瓜味噌]。整條小黃瓜塗上味噌，冷藏一晚。

② 製作[雞肉]。水、雞胸肉、蔥、薑、泡香菇的水一起於鍋內燉煮，浮渣需撈起，煮至雞肉熟了即可撈起，撕成條狀備用。將剩餘湯汁過濾。

③ 醬油A、鹽巴、清酒A，加入至剩餘湯汁調味。

④ 製作[香菇]。另起一鍋，放入香菇、清酒B、砂糖A、醬油B，加一點水燉煮至水分蒸發，待冷卻後撈起香菇切絲備用。

⑤ 製作[蛋皮]。混合蛋、砂糖B、鹽後，煎成薄蛋皮，待冷卻後切絲備用。

⑥ 取出前一碗冷藏的小黃瓜，將味噌洗掉，切薄片備用。

⑦ 將白飯盛碗，淋上步驟③的醬汁，再擺上處理好的雞肉 香菇、蛋皮、小黃瓜。

⑧ 最後擺上紅薑片，撒上芝麻即完成。

金沢雞腿治部煮

材料｜3~4人份

雞腿肉……約200g

太白粉……適量

清酒……150c.c.

味醂……2大匙

醬油……1.5大匙

砂糖……1小匙

蔥，切斜片……約2/3根

水……50c.c.

山椒粉……適量

芥末……適量

作法｜

① 雞腿肉切成易入口大小，裹上一層太白粉，將多餘的粉拍掉備用。

② 清酒、味醂於鍋內煮至酒精蒸發。

③ 加入醬油、砂糖、蔥段一起在鍋內煮至蔥段變軟。

④ 加入步驟①的雞腿肉一起燉煮，如果水量變少可加入水。

⑤ 依各人喜好灑上山椒粉，放入芥末即完成。

日式胡麻布丁

材料｜5人份

吉利丁粉……5g

牛奶……300c.c.

玉米粉……7g

砂糖……10g

蜂蜜……1/2大匙

白芝麻醬……30g

水……1大匙

作法｜

① 吉利丁粉泡冰水直到變軟。

② 牛奶、玉米粉、砂糖、蜂蜜、白芝麻醬於鍋內拌勻後以小火加熱，邊攪拌煮至濃稠後熄火。

③ 加入步驟①的吉利丁後拌勻。

④ 將步驟③濾後隔冰水冷卻，倒入容器冷藏至凝固即可。

★煮牛奶的時候，可以加一點香草豆進去，在用冰水冷卻的步驟，香氣就會出來。

寫在最後

當出版社的明月小姐對我說「要不要出書」時，我雖然嘴裡回答「好」，但其實心裡還在猶豫，「我真的寫得出來嗎」、「還是拒絕吧」……這時，日本發生了311大地震。雖然我並非受災戶，但每天看到電視裡播放的真實畫面，讓我慌亂又心痛。此時正好我有事前往台灣。

一抵達機場，搭上計程車的瞬間，司機對我說：「妳是日本人吧？還好嗎？父母平安嗎？」之後到每個地方，連不認識的人都親切的問我：「沒事吧？」這樣的溫暖，讓我緊繃的心情稍稍得到了舒緩。

回到日本後，我知道台灣人給了日本很多的支援。

這次的地震，讓我得知自己是如此的渺小，什麼忙都幫不上。

當我思考著這樣渺小的我應該也可以做點什麼時，我下定決心「努力把書寫出來。然後把出版的錢捐給台灣需要幫助的機構，這或許就是我能做的事。」

之後動手書寫、拍照，讓我找回原本樂觀的自已。

這裡也有日本人是多麼感謝台灣人，如果台灣人能藉由本書感受到這樣的訊息就太好了。

最後，我要感謝台灣的許多朋友。每位到4F來參加我的料理課的學生、4F的工作人員、讓我有機會出版這本書並給我許多支援的明月、筱玲、碧君，還有幫我在台灣找到工作的Joanne，在短時間內指導我這個對拍照完全外行的綿屋老師，把我養成美食家的母親，在我前往台灣、不在家時依然給我支持的老公和汀卡。在此向大家表達我誠摯的感謝。

享004

敦子的食堂

作　　者	佐藤敦子
譯　　者	黃碧君
美術設計	張小珊工作室
特約編輯	王筱玲
責任編輯	林明月
行銷企畫	艾青荷、林家任
社　　長	郭重興
發行人兼出版總監	曾大福
編輯出版	一起來出版
	E-mail｜cometogetherpress@gmail.com
發　　行	遠足文化事業股份有限公司
	www.sinobooks.com.tw
	23141 新北市新店區民權路108-3號6樓
	客服專線｜0800-221029　傳真｜02-86673250
	郵撥帳號｜19504465　　戶名｜遠足文化事業股份有限公司
法律顧問	華洋法律事務所　蘇文生律師
初版一刷	2012年5月
定　　價	350元

國家圖書館出版品預行編目（CIP）資料

敦子的食堂 / 佐藤敦子作. 黃碧君譯
-- 初版. -- 新北市：一起來出版：
遠足文化發行，2012.05
224面；15×19公分. --（一起來享；4）
ISBN 978-986-88111-2-6(平裝)
1.飲食 2.烹飪 3.食譜
427　　　101007787